Inhalt

Organische Chemie

Gegenwärtig sind mehr als 6000000 organische Stoffe, dagegen nur 100000 anorganische Stoffe bekannt. Viele organische Stoffe kommen in der Natur nicht vor. Sie werden aus Erdölprodukten, die in Raffinerien gewonnen werden, synthetisch hergestellt.

Der Begriff „Organische Chemie"

Anfänge der organischen Chemie. Bis in das 19. Jahrhundert trennten die Chemiker den Bereich der lebenden Natur (Tiere und Pflanzen) streng vom Bereich der nicht lebenden Natur (Minerale). Sie teilten die Stoffe in organische und anorganische Stoffe ein. Man glaubte, dass organische Stoffe wie Traubenzucker, Citronensäure oder Harnstoff nicht im Labor hergestellt werden können. Chemiker waren der Meinung, dass solche Stoffe nur von lebenden Organismen durch die Wirkung einer geheimnisvollen, übernatürlichen „Lebenskraft" (lateinisch: vis vitalis) gebildet werden könnten.

Ein Vertreter dieser Lehrmeinung war *Jöns Jakob Berzelius* (1779 bis 1848), Professor für Chemie und Pharmazie in Stockholm. Im Jahre 1815 schrieb er:

„Allein bei all unseren Kenntnissen von der Bildung unseres Körpers, als Maschine betrachtet, und von dem wechselweisen Verhalten der Grundstoffe untereinander, liegt doch die Ursache der meisten Erscheinungen im tierischen Körper so tief vor unseren Blicken verborgen, dass wir sie gewiss nie entdecken werden. Wir nennen diese verborgene Ursache Lebenskraft."

Es wurde daher als ein nutzloses Unterfangen betrachtet, Naturstoffe wie Fette, Alkohol, Farbstoffe, Naturkautschuk und dergleichen im Labor synthetisch herzustellen. Organische Stoffe wurden vielmehr aus Tieren und Pflanzen sowie deren Produkten gewonnen. Namen wie Ameisensäure, Milchsäure und Weingeist weisen darauf hin.

Für den Bereich der Chemie, der sich mit organischen Stoffen beschäftigte, schlug 1807 der schwedische Chemiker *Berzelius* die Bezeichnung **Organische Chemie** vor.

1

Friedrich Wöhler (1800 bis 1882) war Professor für Chemie in Berlin, Kassel und Göttingen. Seine bedeutendsten Entdeckungen waren die Harnstoffsynthese und die Darstellung des Aluminiums und Phosphors.
Mit der Synthese des Harnstoffs veränderte sich die Auffassung über organische Stoffe. Es war der Anfang umfangreicher Untersuchungen in der organischen Chemie.

***Wöhlers* Harnstoff-Synthese.** Keine 20 Jahre nach der Einteilung der Chemie durch Berzelius gelang im Jahre 1824 dem deutschen Chemiker *Friedrich Wöhler* (Abb. 1) erstmals die Herstellung eines organischen Stoffes, der Oxalsäure. Verbindungen der Oxalsäure kommen in Sauerklee, Rhabarber oder Äpfeln vor. 1828 konnte *Wöhler* auch den **Harnstoff**, ein Stoffwechselprodukt des tierischen und menschlichen Organismus, synthetisch darstellen. Harnstoff (Abb. 2) ist im Urin von Menschen und Tieren enthalten. So scheidet ein Erwachsener täglich etwa 30 g Harnstoff im Urin aus. Harnstoff bildet farblose Kristalle, die sich leicht im Wasser lösen.
Bei der Bildung von Harnstoff im Labor war *Wöhler* von einem anorganischen Stoff, dem Ammoniumcyanat, ausgegangen (Abb. 3):

$$\underset{\text{Ammoniumcyanat}}{NH_4OCN} \xrightarrow{\text{Erhitzen}} \underset{\text{Harnstoff}}{CO(NH_2)_2}$$

Mit dieser Synthese war die Lehre von der „Lebenskraft“ erschüttert. *Wöhler* war sich der Bedeutung dieser Tatsache bewusst. An seinen Freund und Lehrer *Berzelius* schrieb er über seine Untersuchungen: „... Ich kann sozusagen mein chemisches Wasser nicht halten und muss Ihnen sagen, dass ich Harnstoff machen kann, ohne dazu Nieren oder überhaupt ein Tier, sei es Mensch oder Hund, nötig zu haben ... Der Harnstoff erwies sich identisch mit Pisseharnstoff, den ich in jeder Hinsicht selbst gemacht habe. Der Pisseharnstoff hat genau dieselbe Zusammensetzung wie das cyansaure Ammoniak ...“
In den folgenden Jahren konnten immer mehr organische Stoffe im Labor künstlich hergestellt werden. Die Auffassungen vom Wirken einer „Lebenskraft“ konnten damit weiter zurückgedrängt werden.
Trotzdem hält man heute noch an der einmal vorgenommenen Zweiteilung der Chemie fest. Es zeigte sich nämlich, dass organische Stoffe ausschließlich **Kohlenstoffverbindungen** sind. Nur die Oxide des Kohlenstoffes, die Kohlensäure und die Carbonate sind anorganische Stoffe.

Die organische Chemie ist die Chemie der Kohlenstoffverbindungen.

2

Harnstoffkristalle

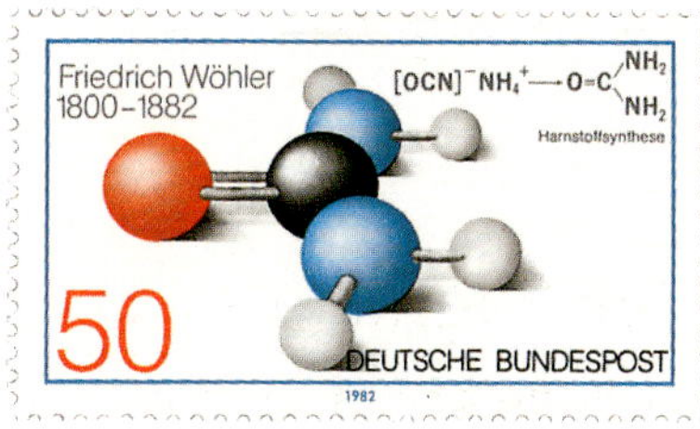

3

Zur Erinnerung an *Wöhlers* Harnstoffsynthese – Gedenkmarke zum 100. Todestag

AUFGABEN

1. Mit organischen Stoffen haben wir es täglich zu tun.
   Nennen Sie mindestens 5 Beispiele.
2. Erläutern Sie die Entwicklung des Begriffs „Organische Chemie“.
3. *Wöhler* wird als Wegbereiter der „Organischen Chemie“ bezeichnet. Begründen Sie diese Aussage.
4. Warum hält man heute noch an der Zweiteilung der Chemie fest?
5. Ermitteln Sie aus Tabellen Dichte, Schmelz- und Siedetemperatur von Harnstoff. Nennen Sie weitere Eigenschaften (↗ Abb. 2).
6. Betrachten Sie Abbildung 3! Beschreiben Sie die Bildung von Harnstoff.
7. Nennen Sie Kohlenstoffverbindungen, die zu den anorganischen Stoffen zählen.
   Geben Sie die Formeln für diese Stoffe an. Stellen Sie wichtige Eigenschaften in einer Tabelle zusammen.

Eigenschaften und Vielfalt organischer Verbindungen

Einige Eigenschaften. Untersuchungen der Eigenschaften von bekannten organischen Verbindungen aus dem Alltag (Abb. 1 bis 3) zeigen typische Merkmale (Tabelle).
Viele organische Verbindungen besitzen einen charakteristischen Geruch, der noch in großer Verdünnung bemerkbar ist, wie zum Beispiel der Geruch von Benzin, Alkohol oder Aromastoffen. Die Mehrzahl der organischen Verbindungen ist in Wasser unlöslich (Experiment 1). Bei Löslichkeit in Wasser leiten aber ihre Lösungen meist nicht den elektrischen Strom (Experiment 2).
Organische Verbindungen bestehen aus Molekülen. Da der Zusammenhalt zwischen Molekülen relativ schwach ist, haben organische Verbindungen meistens niedrigere Schmelz- und Siedetemperaturen als anorganische Verbindungen.
Viele organische Verbindungen sind wenig wärmebeständig. Beim Erhitzen werden sie oft zersetzt und bilden wegen ihres Kohlenstoffgehaltes schwarze Reaktionsprodukte (Experiment 4). Beim Anbrennen von Milch oder Fleisch bzw. beim Kuchenbacken kann das auch beobachtet werden.
Fast alle organischen Verbindungen sind brennbar. Sie sind häufig leicht flüchtig (Experiment 3) und feuergefährlich, zum Beispiel Brennspiritus, Benzin und Ether. Dämpfe bestimmter organischer Verbindungen sind gesundheitsschädigend. Beim Umgang mit organischen Verbindungen sind daher die Gefahrstoffkennzeichnung und die Gefahrenhinweise (↗ S. 108 ff.) auf den Verpackungen und Etiketten genau zu beachten.

Experiment 1
Prüfen Sie die Löslichkeit in Wasser von Kartoffelstärke, Zucker, Margarine, zerdrückten Sonnenblumenkernen und Klebstoff.

Experiment 2
Zuckerlösung und Brennspiritus (F) werden auf ihre elektrische Leitfähigkeit geprüft.

Experiment 3
Nagellackentferner (F), Brennspiritus (F) und Wasser werden auf ihre Flüchtigkeit geprüft. Dazu werden jeweils die gleiche Anzahl Tropfen auf eine Uhrglasschale gegeben.

Experiment 4
Erhitzen Sie jeweils erst vorsichtig, dann kräftiger im Reagenzglas Zucker, Mehl und Puddingpulver.
Deuten Sie die Veränderungen.

Stoff	Verhalten beim Erhitzen	Löslichkeit in Wasser	Löslichkeit in Tetrachlormethan
Traubenzucker	schmilzt, verkohlt	sehr gut	–
Vanillin	schmilzt, verkohlt	–	sehr gut
Kokosfett	verflüssigt sich, Dämpfe brennbar	–	sehr gut
Essigsäure	Dämpfe brennbar	in jedem Verhältnis mischbar	in jedem Verhältnis mischbar
Vitamin C	schmilzt verkohlt Dämpfe brennbar	gut	–
Brennspiritus	verdampft, Dämpfe brennbar	in jedem Verhältnis mischbar	in jedem Verhältnis mischbar
Stearin	schmilzt, siedet	–	gut
Polystyrol	schmilzt verkohlt Dämpfe brennbar	–	quillt auf, kaum löslich

1
Zucker

2
Vitamin C

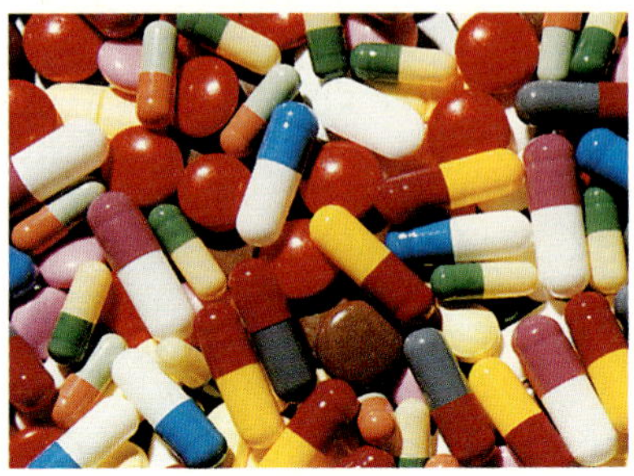
3
Medikamente

Zusammensetzung. Wie Analysen von organischen Verbindungen zeigen, sind an ihrem Aufbau nur wenige Elemente beteiligt. Neben dem stets nachzuweisenden Element Kohlenstoff sind vor allem die Elemente Wasserstoff, Sauerstoff und Stickstoff enthalten (Experimente 5 und 6).
Eine gewisse Rolle spielen noch in manchen organischen Verbindungen Schwefel, Phosphor, Halogene und einige Metalle wie Eisen, Kupfer und Magnesium.

Experiment 6
Weisen Sie nach, dass beim Verbrennen von Alkohol (F) Kohlenstoffdioxid und Wasser entstehen.
Begründen Sie!

Experiment 5
Verbrennen Sie eine Kerze unter einem Trichter. Saugen Sie die Verbrennungsgase durch die Apparatur, bis im U-Rohr und in der Gaswaschflasche deutliche Effekte zu beobachten sind. Geben Sie danach eine Spatelspitze vorher entwässertes Kupfersulfat (Xn) in das U-Rohr.

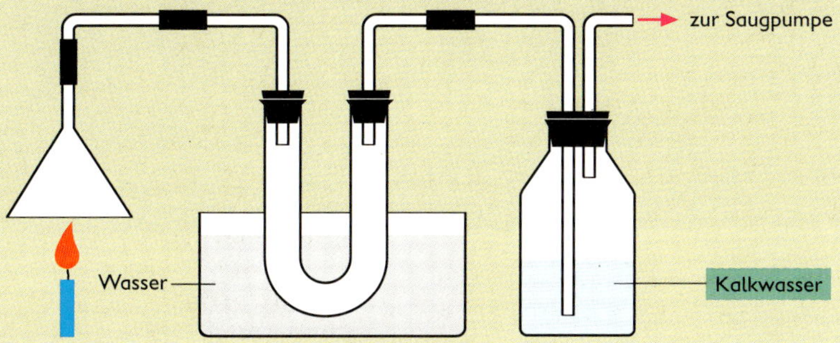

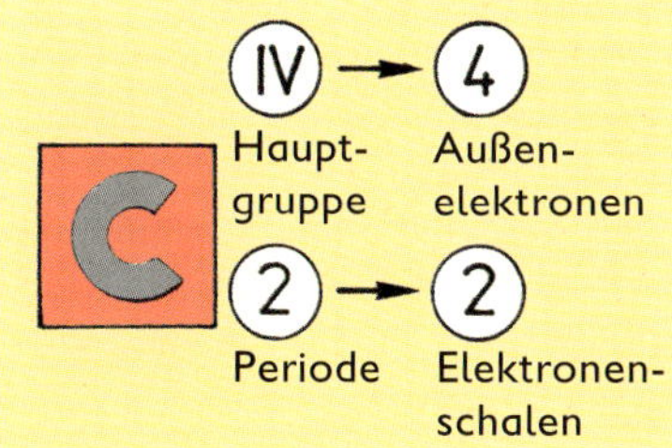

4

Bei der Verbrennung von organischen Verbindungen entsteht Kohlenstoffdioxid, häufig auch Ruß. Kohlenstoffdioxid lässt sich mit Kalkwasser nachweisen. Entsteht bei der Verbrennung einer organischen Verbindung Wasser, kann man daraus schließen, dass am Aufbau der Verbindung Wasserstoff beteiligt ist. Organische Verbindungen, die nur die Elemente Kohlenstoff und Wasserstoff enthalten, bezeichnet man als **Kohlenwasserstoffe**.

Verknüpfungsmöglichkeiten von Kohlenstoffatomen. Aus der Stellung des Elements Kohlenstoff im Periodensystem (Abb. 4) folgt, dass jedes Kohlenstoffatom in der Lage ist, mit Elektronen von weiteren Atomen Elektronenpaare zu bilden. Um eine stabile Achterschale zu erreichen, müssen 4 Atombindungen ausgebildet werden. Man sagt, das Kohlenstoffatom ist **vierbindig**.
Die Kohlenstoffatome verfügen über die besondere Eigenschaft, sich durch Atombindung miteinander zu verbinden und eine praktisch unbegrenzte Anzahl von Kohlenstoffverbindungen zu bilden.
Beispiele für die Verknüpfung von Kohlenstoffatomen:

kettenförmig

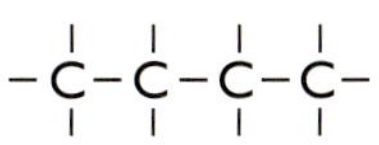

verzweigt

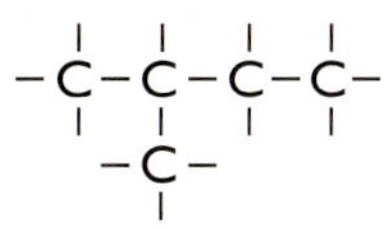

ringförmig

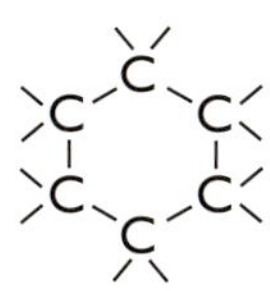

AUFGABEN

1. Warum verbreiten die organischen Stoffe Benzin und Chloroform im Gegensatz zu Kochsalz einen starken Geruch?
2. Nennen Sie einen Vorgang, an dem zu erkennen ist, dass Fleisch und Milch Kohlenstoffverbindungen enthalten.
3. Zucker und Kochsalz wurden verwechselt. Wie lassen sie sich, ohne zu kosten, experimentell unterscheiden?
4. Warum ist die Bildung von Kohlenstoff-Ionen erschwert?
5. Warum gibt es mehr Kohlenstoffverbindungen als andere Verbindungen?
6. Stellen Sie Möglichkeiten der Verknüpfung von 5 Kohlenstoffatomen zusammen.
7. Welche Elemente sind hauptsächlich am Aufbau organischer Verbindungen beteiligt?

2

Kohlenwasserstoffe – Alkane

Ob man Benzin als Kraftstoff oder Butan als Feuerzeuggas verwendet, die Wohnung mit Erdgas oder Flüssiggas beheizt oder eine Paraffinkerze abbrennt, stets handelt es sich um Alkane.
Wodurch unterscheiden sich diese Stoffe?

Alkane in Natur und Technik

Vorkommen und Verwendung von Methan. Methan entsteht überall dort, wo abgestorbene tierische und pflanzliche Reste unter Luftabschluss von Bakterien zersetzt werden. In Sümpfen oder am Grund verschmutzter Gewässer bildet sich **Sumpfgas**, ein Gemisch aus Methan und Kohlenstoffdioxid (Experiment 1). Im Hochsommer kann es zur Entzündung dieses Gases kommen, sodass man nachts kleine Flämmchen über dem Moor sehen kann (Irrlichter).
Bei der Abwasserreinigung fällt in den Kläranlagen Schlamm an, bei dessen Zersetzung **Klär- und Faulgas** entsteht, das bis zu 75 % Methan enthält.
Heute wird durch gezielte bakterielle Fäulnis von pflanzlichem Material (z. B. aus Mist, Gülle, Klärschlamm, organischem Müll) **Biogas** gewonnen. Biogas besteht vorwiegend aus Methan (etwa 60 %) und Kohlenstoffdioxid (etwa 35 %). Außerdem enthält es noch Wasserstoff, Stickstoff und Schwefelwasserstoff. Biogas hat einen hohen Heizwert. Die Gewinnung von Biogas kann dazu beitragen, dass wertvolle Rohstoffe eingespart und Umweltschäden vermindert werden.
Methan ist der Hauptbestandteil des **Erdgases** (85 ··· 95 %), das im Haushalt zum Kochen und zur Beheizung von Wohnungen eingesetzt wird.
Auch das sich in den Klüften von Steinkohlenlagern sammelnde **Grubengas** enthält hauptsächlich Methan. Bei unzureichender Belüftung der Bergwerksstollen entstehen explosive Methan-Luft-Gemische, die als „schlagende Wetter" schwere Zerstörungen verursachen. Bereits ein Kurzschluss in der elektrischen Leitung kann das Methan-Luft-Gemisch zünden (Tabelle).

Experiment 1
Vorsicht! Schutzbrille!
Untersuchen Sie die Entstehung von Methan (F+). Lassen Sie die Versuchsapparatur einige Tage stehen. Öffnen Sie danach den Quetschhahn und prüfen Sie mit einem brennenden Holzspan.

Explosionsgrenzen

Volumenanteil an Methan in der Luft	Erscheinung bei Entzündung
$\varphi = 5 \cdots 15\ \%$	explodiert heftig
$\varphi > 15\ \%$	brennt ruhig
$\varphi < 5\ \%$	nicht entzündbar

Eigenschaften des Methans. Methan ist ein farbloses Gas. Während Erdgas, Biogas und Sumpfgas aufgrund von Begleitstoffen einen typischen Geruch aufweisen, ist reines Methan geruchlos. Es ist in Wasser fast unlöslich und kann unter Wasser aufgefangen werden. Methan bildet mit Luft explosive Gemische (Experiment 2). Bei seiner vollständigen Verbrennung entstehen Kohlenstoffdioxid und Wasser (Experiment 3).

Struktur des Methanmoleküls. Methan ist die einfachste organische Verbindung. Aus seiner Formel CH_4 geht hervor, dass ein Methanmolekül aus einem Kohlenstoffatom und vier Wasserstoffatomen besteht. Die Wasserstoffatome sind mit dem Kohlenstoffatom jeweils durch eine Atombindung verbunden. Die Atombindungen im Methanmolekül liegen nicht in einer Ebene, sondern sind räumlich nach den Eckpunkten eines regulären Tetraeders gerichtet (Abb. 1a). Das Methanmolekül kann durch das Kugel-Stab-Modell (Abb. 1b) oder das Kalotten-Modell (Abb. 1c) veranschaulicht werden.

Experiment 2 L
Vorsicht! Schutzbrille! Schutzscheibe!
In einem starkwandigen Standzylinder (höchstens 200 ml) wird ein Methan-Luft-Gemisch gezündet.

Experiment 3
Verbrennen Sie Erdgas (F+), beobachten Sie die Flamme und halten Sie über die Flamme ein trockenes Becherglas. Was beweist die Beobachtung?

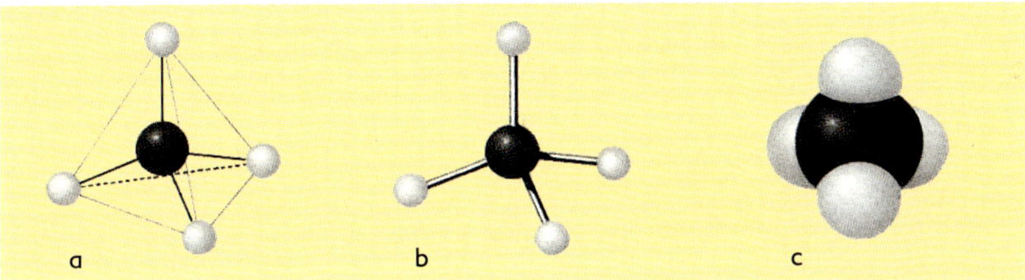

1

CH_4
Summenformel

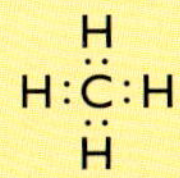
Elektronenformel

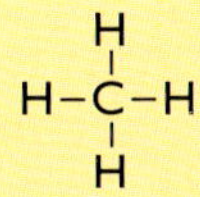
Strukturformel
2

Stellt man sich das Modell des Methanmoleküls (Abb. 1b) als Projektion in die Ebene vor, so ergibt sich die **Strukturformel** (Abb. 2). Jedes gemeinsame Elektronenpaar ist durch einen Strich dargestellt worden. Im Unterschied zu den Strukturformeln werden Formeln wie CH_4 als **Summenformeln** (Abb. 2) bezeichnet.

Weitere Alkane. Propan und **Butan** kommen neben Methan mit geringem Anteil im Erdgas vor und fallen bei der Benzinherstellung an (↗ S. 36 f.). Propan und Butan lassen sich durch Druck leicht verflüssigen und kommen in Tanks, Stahlflaschen oder Kartuschen in den Handel (Abb. 1, S. 10). Sie werden auch als **Flüssiggase** bezeichnet und im Haushalt sowie beim Camping als Heizgase oder zum Betreiben von Gasfeuerzeugen verwendet. Propan und Butan sind wichtige Energieträger mit hohem Heizwert. Mit ihnen muss besonders vorsichtig umgegangen werden (↗ S. 12). Diese Gase sind aber auch Ausgangsstoffe für Produkte der chemischen Industrie.

Hexan und **Octan** sind Bestandteile der verschiedenen Kraftstoffe und bedingen deren Geruch. Sie sind brennbar, aber nicht mit Wasser mischbar.

Hauptbestandteil der meisten technisch verwendeten Wachse ist **Paraffin**, ein Gemisch zahlreicher fester Alkane, die sich je nach Kettenlänge der Moleküle in der Härte und der Schmelztemperatur unterscheiden (↗ Tabelle, S. 11). Aus Paraffin können Kerzen, Salben, Lippenstifte und Schuhcremes hergestellt werden. Man verwendet es aber auch zum Einwachsen von Obst.

AUFGABEN

1. Wie kann die Behauptung, dass aus Faulschlamm Methan entweicht, experimentell bewiesen werden?
2. Welche Stoffe entstehen bei der Verbrennung von Propan und Butan?
3. Fertigen Sie aus verschiedenfarbigen Plastilinkugeln ein Modell des Methanmoleküls an.
4. Erläutern Sie anhand der Abbildung 1b die Struktur des Methanmoleküls.
5. Nennen Sie Sicherheitsbestimmungen beim Umgang mit Propan.

Homologe Reihe der Alkane

Formeln und Namen der Alkane. Außer Methan enthalten alle anderen Kohlenwasserstoffe in ihren Molekülen mehr als ein Kohlenstoffatom (Tabelle). Die Kohlenstoffatome können untereinander Atombindungen ausbilden.

Name	Summenformel	Strukturformel	Molekülmodell
Methan	CH_4	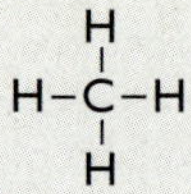	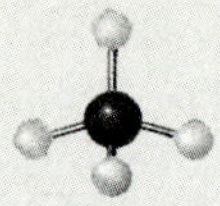
Ethan	C_2H_6	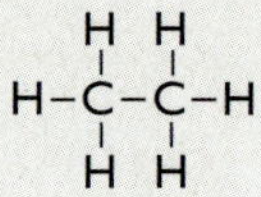	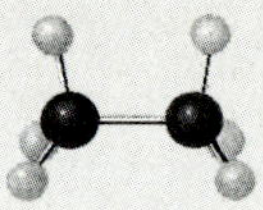
Propan	C_3H_8	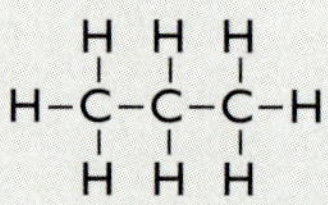	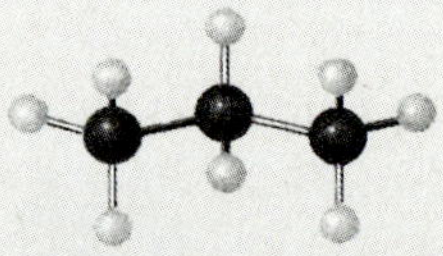
Butan	C_4H_{10}	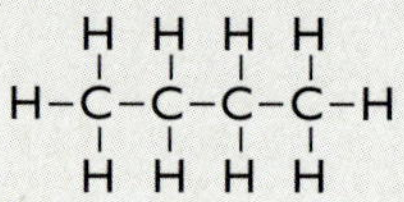	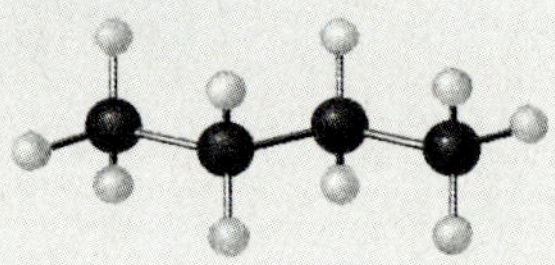

1

Die Kohlenstoffketten sind in den Propan- und Butanmolekülen zickzackförmig gewinkelt, da auch hier die Atombindungen nach den Eckpunkten eines Tetraeders gerichtet sind.

Die Kohlenstoffatome in den Molekülen von Ethan, Propan und Butan bilden Ketten (Tabelle). Diese Stoffe gehören zu den **kettenförmigen Kohlenwasserstoffen**. Aus Abbildung 2 ist zu erkennen, dass jedes Kohlenstoffatom mit benachbarten Kohlenstoffatomen jeweils durch ein gemeinsames Elektronenpaar verbunden ist. Solche Atombindungen werden als **Einfachbindungen** bezeichnet. Kohlenwasserstoffe, bei denen die Kohlenstoffatome jeweils nur durch eine Einfachbindung verknüpft sind, heißen **Alkane**.

In den Molekülen der Alkane sind alle Kohlenstoffatome mit der jeweils größtmöglichen Anzahl an Wasserstoffatomen verbunden. Man sagt, sie sind gesättigt. Alkane gehören damit zu den **gesättigten Kohlenwasserstoffen**.

Die Namen der Alkane werden aus einem Wortstamm und der Endung „**an**" gebildet. Der Wortstamm gibt die Anzahl der Kohlenstoffatome im Molekül an. Die Wortstämme von Verbindungen mit fünf oder mehr Kohlenstoffatomen im Molekül leiten sich von griechischen oder lateinischen Zahlwörtern ab (Tabelle).

Ein Vergleich der Strukturformeln von Kohlenwasserstoffmolekülen in der Tabelle zeigt, dass sie sich jeweils um eine CH_2-Gruppe unterscheiden. Eine solche Reihe ähnlicher organischer Verbindungen, bei denen sich die Moleküle aufeinander folgender Glieder jeweils um eine CH_2-Gruppe unterscheiden, bezeichnet man als **homologe Reihe** (griechisch: homologos = übereinstimmend).

Die allgemeine Summenformel der Alkane lautet $\mathbf{C_nH_{2n+2}}$.

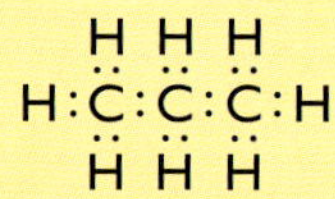

2

Elektronenformel vom Propanmolekül

Wortstamm	Anzahl der Kohlenstoffatome in der Kette
Meth	1
Eth	2
Prop	3
But	4
Pent	5
Hex	6
Hept	7
Oct	8
Non	9
Dec	10

Eigenschaften der Alkane. Innerhalb der homologen Reihe zeigen die Alkane eine gesetzmäßige Abstufung ihrer Eigenschaften (Experiment 4, Tabelle).

Name	Summenformel	Schmelztemperatur in °C	Siedetemperatur in °C	Aggregatzustand bei 20 °C
Methan	CH_4	−182,5	−161,5	gasförmig
Ethan	C_2H_6	−183,5	−88,6	
Propan	C_3H_8	−187,1	−42,2	
Butan	C_4H_{10}	−138,3	−0,5	
Pentan	C_5H_{12}	−129,7	+36,0	flüssig
Hexan	C_6H_{14}	−94,3	+68,7	
Heptan	C_7H_{16}	−90,5	+98,4	
Octan	C_8H_{18}	−56,8	+125,7	
Nonan	C_9H_{20}	−53,7	+150,7	
Decan	$C_{10}H_{22}$	−29,7	+174,0	
⋮	⋮	⋮	⋮	
Pentadecan	$C_{15}H_{32}$	+10,0	+268,0	
Hexadecan	$C_{16}H_{34}$	+18,1	+280,0	
Heptadecan	$C_{17}H_{36}$	+22,0	+303,0	fest
⋮	⋮	⋮	⋮	
Eicosan	$C_{20}H_{42}$	+36,4	+345,1	

Experiment 4 **L**

Vorsicht! Schutzbrille!

Siedetemperaturen von flüssigen Alkanen (F, Xn, N) werden ermittelt und mit tabellierten Werten verglichen.

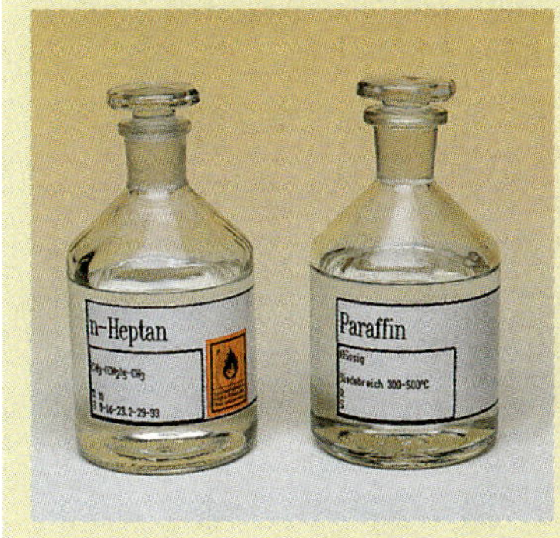

Mit zunehmender Kettenlänge der Moleküle steigen die Siede- und auch meistens die Schmelztemperaturen der Alkane an. Das ist darauf zurückzuführen, dass schwache Anziehungskräfte zwischen den Molekülen der Alkane wirken (Abb. 3). Diese Anziehungskräfte müssen beim Schmelzen und Sieden eines Stoffes durch Energiezufuhr überwunden werden. Die Stärke der Anziehungskräfte hängt von der Oberfläche und damit von der Größe der Moleküle ab.

Unter einer homologen Reihe versteht man eine Gruppe von ähnlichen organischen Verbindungen.
In dieser Reihe unterscheiden sich die Moleküle von zwei aufeinander folgenden Verbindungen jeweils durch eine CH_2-Gruppe.

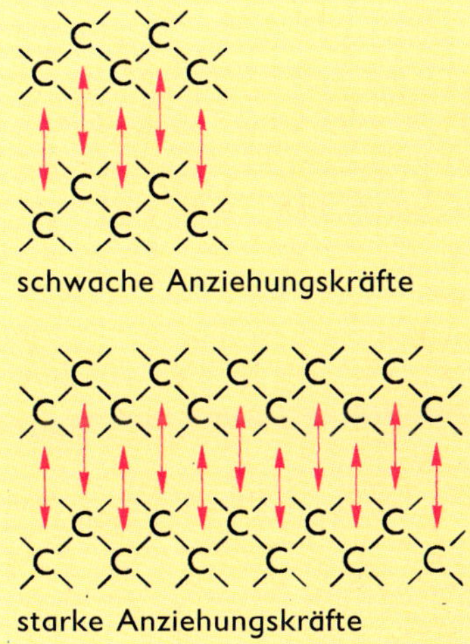

3

AUFGABEN

1. Beschreiben Sie den Bau des Propan- und Butanmoleküls anhand der Strukturformeln und der Molekülmodelle.
2. Begründen Sie die Zuordnung der Alkane zu den gesättigten Kohlenwasserstoffen.
3. Warum haben Alkane bei Zimmertemperatur unterschiedliche Aggregatzustände?
4. Stellen Sie die Strukturformeln folgender Alkane auf und benennen Sie sie: C_7H_{16}, $C_{10}H_{22}$, C_5H_{12}.
5. Nennen Sie die Summenformeln von Alkanen mit 11, 19 und 24 Kohlenstoffatomen.
6. Weshalb ist es richtig, bei den Alkanen von einer homologen Reihe zu sprechen?

Gasförmige und feste Alkane sind in reinem Zustand geruchlos. Flüssige Alkane haben benzinähnlichen Geruch.
Kurzkettige Alkane (C_5 bis C_{10}) sind dünnflüssig, Schmieröl (C_{11} bis C_{18}) ist zähflüssig. Die Zähflüssigkeit, auch **Viskosität** genannt, nimmt mit wachsender Kettenlänge der Moleküle zu.
Alkane leiten den elektrischen Strom nicht (Experiment 5). Sie enthalten keine Ladungsträger, sondern nur ungeladene Moleküle.
Die Flammtemperaturen nehmen bei Alkanen mit steigender Siedetemperatur und Kettenlänge zu. Flüssige Alkane (C_5 bis C_8) lassen sich bereits unterhalb der Zimmertemperatur entzünden. Es sind deshalb äußerst feuergefährliche Stoffe. Höhere Alkane entflammen dagegen erst über 45 °C (Experiment 6).
Alkane sind mit Wasser nicht mischbar. Sie sind **hydrophob** (griechisch: hydro = Wasser, phobos = Furcht). Untereinander sind Alkane aber in jedem Verhältnis mischbar (Experiment 7). Dieses unterschiedliche Löseverhalten (Abb. 1) ist auf die unterschiedlichen Anziehungskräfte zwischen den Alkanmolekülen und den Wassermolekülen zurückzuführen. Die Moleküle des Wassers ziehen sich untereinander stark an. Die Anziehungskräfte zwischen den Alkanmolekülen sind dagegen gering.
Es gilt die Regel: Ähnliches löst sich in Ähnlichem.
Flüssige Alkane sind im Gegensatz zu Wasser gute Lösemittel für Fette, Öle, Lacke und Harze. Sie sind **lipophil** (griechisch: lipos = Fett, philein = lieben; Experiment 8).

Experiment 5 **L**
Pentan (F+, Xn, N), Heptan (F, Xn, N) werden auf ihre elektrische Leitfähigkeit geprüft.

Experiment 6
Vorsicht! Schutzbrille!
Versuchen Sie, jeweils 2 ml Heptan (F, Xn, N) und Paraffinöl in einer Porzellanschale mit einem langen brennenden Holzspan zu entzünden.

Experiment 7
Prüfen Sie im Reagenzglas die Mischbarkeit von Heptan (F, Xn, N) mit Octan (F, Xn, N), von Heptan (F, Xn, N) mit Wasser, von Paraffinöl mit Octan (F, Xn, N) und von Paraffinöl mit Wasser.

Experiment 8
Prüfen Sie die Löslichkeit von Speiseöl und Schmalz in Wasser und in Octan (F, Xn, N).

Verhalten beim Umgang mit brennbaren Gasen und Flüssigkeiten. Mit brennbaren Gasen (Propan, Butan) und Flüssigkeiten (Benzin) ist mit größter Vorsicht und Sorgfalt umzugehen. Bei Gasgeruch sind sofort Feuerwehr und Polizei zu benachrichtigen. Beim Umgang mit brennbaren Flüssigkeiten darf kein offenes Feuer in der Nähe sein. Funkenbildung ist zu verhindern. Nach Beendigung der Arbeiten sind Behälter mit brennbaren Stoffen sofort zu verschließen und vom Arbeitsort zu entfernen. Mit feuergefährlichen Flüssigkeiten getränkte Lappen dürfen niemals ins Feuer geworfen werden. Brennbare Stoffe sind nur in dicht schließenden und entsprechend gekennzeichneten Behältern aufzubewahren (↗ S. 112).

Verhalten beim Umgang mit Propangasanlagen

1. Der Standort ist so zu wählen, dass die Propangasanlagen keiner Wärmestrahlung ausgesetzt sind. Die Temperatur der Flaschen darf 40 °C nicht überschreiten.
2. Die Aufstellung ist verboten: in Räumen, die Schlafzwecken dienen, in Kellerräumen, in der Nähe von Kellerfenstern und Schächten, in Garagen.
3. Die Schlauchanschlüsse am Druckregler und am Gerät müssen mit Schlauchschellen oder Schlauchband gesichert sein.
4. Bei Außerbetriebsetzung der Gasgeräte ist zuerst das Flaschenventil zu schließen.

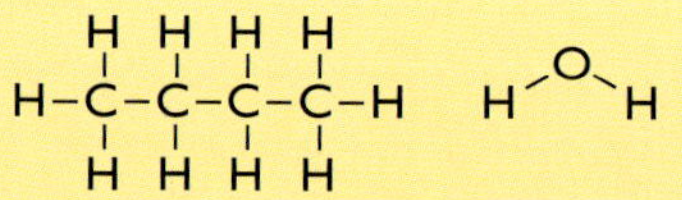

Butanmolekül — Wassermolekül

Löseverhalten gegenüber Wasser und Fetten

wasserfeindlich = hydrophob — fettfeindlich = lipophob

aber

fettfreundlich = lipophil — wasserfreundlich = hydrophil

1

Reaktionen der Alkane

Verhalten gegenüber einigen Chemikalien. Eine wichtige Eigenschaft der Alkane ist ihr reaktionsträges Verhalten (Experiment 9). Sie zeigen gegenüber Säuren, Laugen und unedlen Metallen keine Reaktion. Mit starken Oxidationsmitteln reagieren sie langsam. Alle Alkane wurden deshalb früher auch als **Paraffine** (lateinisch: parum = wenig; affinis = zugeneigt; „wenig reaktionsfähig") bezeichnet.

Verbrennung. Alle Alkane sind brennbar (Experiment 6), als Gemisch mit Luft oder Sauerstoff häufig sogar explosiv (Experiment 2). Bei vollständiger Verbrennung entstehen Kohlenstoffdioxid und Wasser. Dabei wird Wärme abgegeben.

$CH_4 + 2\,O_2 \longrightarrow CO_2 + 2\,H_2O$; exotherm

$C_7H_{16} + 11\,O_2 \longrightarrow 7\,CO_2 + 8\,H_2O$; exotherm

Ist nicht genügend Sauerstoff vorhanden, kommt es zur unvollständigen Verbrennung, wobei neben Wasser das giftige Kohlenstoffmonooxid (↗ S. 39) oder reiner Kohlenstoff als Ruß entsteht.

$2\,C_7H_{16} + 15\,O_2 \longrightarrow 14\,CO + 16\,H_2O$

Bei der Verbrennung verschiedener Alkane an der Luft nehmen mit steigendem Kohlenstoffgehalt des Alkans die Helligkeit der Flamme und die Rußbildung zu, was auf die unvollständige Verbrennung zurückzuführen ist (Abb. 2).

Substitutionsreaktion. Wenn man bei Zimmertemperatur auf ein Alkan ein Halogen einwirken lässt, ist keine Reaktion zu beobachten. Bei Zufuhr von Wärme oder unter Einwirkung von Licht reagieren jedoch Hexan und Brom miteinander (Experiment 10). Unter Bildung eines stechend riechenden, farblosen Gases tritt eine Entfärbung des Stoffgemisches ein (Abb. 3).

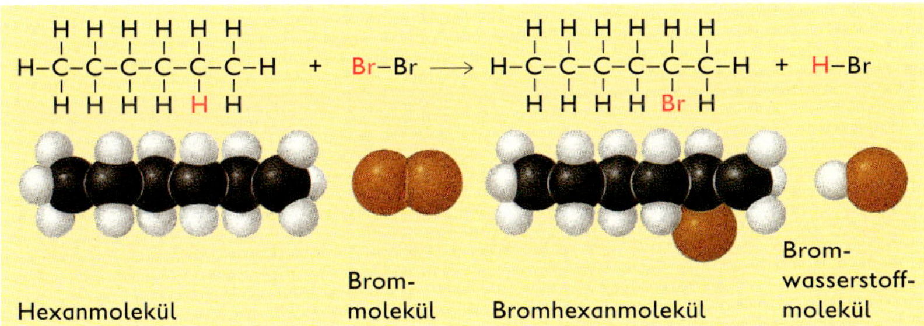

3

Bei dieser Reaktion wird ein Wasserstoffatom eines Hexanmoleküls gegen ein Bromatom eines Brommoleküls ausgetauscht. Die Reaktion wird als **Substitution** (lateinisch: substituere = ersetzen, austauschen) bezeichnet.

Die Substitution ist eine chemische Reaktion, bei der zwischen den Molekülen der Ausgangsstoffe Atome ausgetauscht werden.

Experiment 9
Geben Sie jeweils einige Tropfen 10%ige Schwefelsäure (Xi), 2%ige Natronlauge (C), 30%ige Kaliumpermanganatlösung (Xn) sowie eine Spatelspitze Eisenpulver in je ein Reagenzglas mit Heptan (F, Xn, N) und schütteln Sie.

2

Experiment 10 **L**
Vorsicht! Abzug!
Das sich in einem verschlossenen Gefäß befindende braune Gemisch von Hexan (F, Xn, N) und Brom (T+, C, N) wird intensiv belichtet. Nach einiger Zeit wird angefeuchtetes Indikatorpapier in das Gefäß gehalten.

AUFGABEN

1. Welche Beobachtungen sind zu erwarten bei Zugabe von a) Wasser zu Kochsalz, b) Pentan zu Kochsalz, c) Nonan zu Hexan? Begründen Sie!
2. Womit kann man einen Ölfleck aus der Kleidung entfernen?
3. Wie muss man sich bei Gasgeruch verhalten?
4. Nennen Sie Nachteile einer unvollständigen Verbrennung.
5. Warum können reaktionsfähige Metalle wie Natrium in Petroleum (Alkangemische) aufbewahrt werden?
6. Beschreiben Sie die Reaktion von Ethan mit Brom.

Alkane mit verzweigten Kohlenstoffketten

Gleiche Formeln – unterschiedliche Stoffe. Bei gesättigten Kohlenwasserstoffen mit mehr als 3 Kohlenstoffatomen im Molekül ergeben sich unterschiedliche Verknüpfungsmöglichkeiten für die Kohlenstoffatome. So lassen sich für die Summenformel C_4H_{10} zwei verschiedene Molekülstrukturen angeben (Abb. 1).

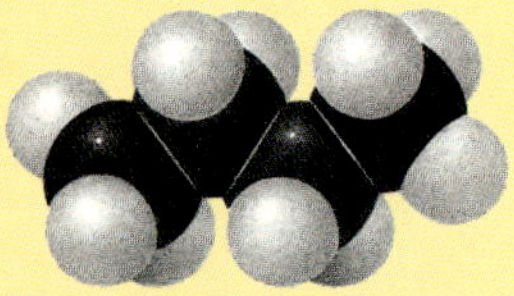

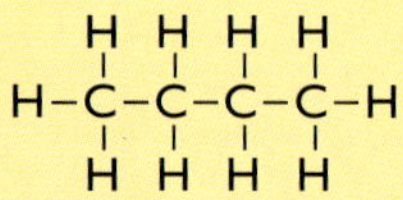

unverzweigte Kette
Butan

Schmelztemperatur: –138,3 °C
Siedetemperatur: –0,5 °C

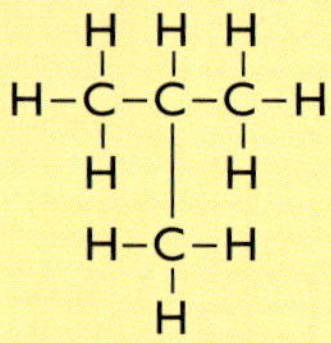

verzweigte Kette
2-Methylpropan

Schmelztemperatur: –159,6 °C
Siedetemperatur: –11,7 °C

1

Beide Verbindungen enthalten Kohlenstoffatome im Molekül in kettenförmiger Anordnung. In den Molekülen beider Verbindungen liegen Einfachbindungen zwischen den Kohlenstoffatomen vor. In der unverzweigten Kette ist jedes Kohlenstoffatom mit mindestens zwei Wasserstoffatomen verbunden. In der verzweigten Kette ist dagegen ein Kohlenstoffatom mit nur einem Wasserstoffatom verbunden. Beide Verbindungen entsprechen der allgemeinen Formel $\mathbf{C_nH_{2n+2}}$, sind also Alkane.
Es handelt sich aber zweifellos um unterschiedliche Moleküle. Sie lassen sich weder durch Verschieben noch durch Drehen oder Wenden zur Deckung bringen.
Verbindungen mit gleicher Summenformel unterscheiden sich in ihren Eigenschaften, was auf die verschiedenen Strukturen ihrer Moleküle zurückzuführen ist (Abb. 1). So haben verzweigtkettige Alkane niedrigere Siede- und Schmelztemperaturen als solche mit unverzweigten Ketten. Auffällige Unterschiede zeigen sich auch bei den Dichten dieser Stoffe.
Die Tatsache, dass Verbindungen mit gleicher Summenformel unterschiedliche Molekülstrukturen bilden können, ist eine der Ursachen für die Vielfalt organischer Verbindungen (Abb. 2).

Namen von Alkylresten. Wird von einem Alkanmolekül ein Wasserstoffatom entfernt, erhält man den **Alkylrest „R"**. Die Endung **„an"** im Namen des Alkans wird durch **„yl"** ersetzt.

Formel	CH_3-	C_2H_5-	C_3H_7-	C_4H_9-	R-
Name	Methyl-	Ethyl-	Propyl-	Butyl-	Alkyl

Alkane mit fünf Kohlenstoffatomen im Molekül

Strukturformeln

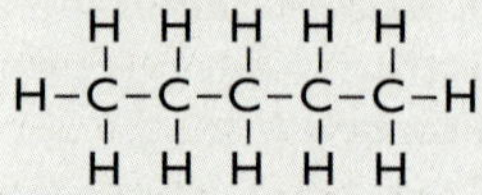

Pentan

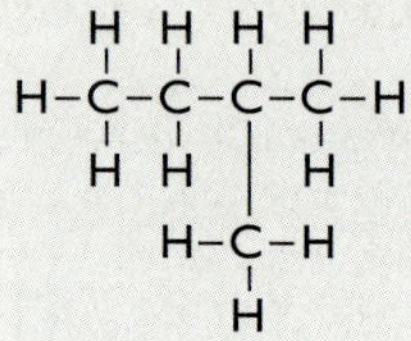

2-Methylbutan

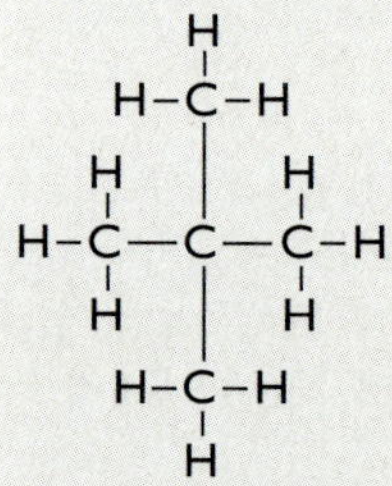

2,2-Dimethylpropan

Vereinfachte Strukturformeln

$CH_3-CH_2-CH_2-CH_2-CH_3$

Pentan

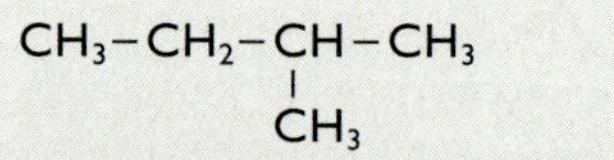

2-Methylbutan

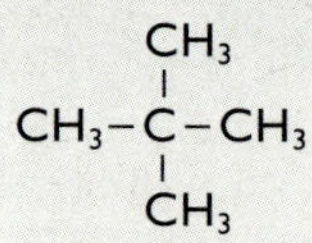

2,2-Dimethylpropan

2

Namen von Alkanen mit verzweigten Kohlenstoffketten. Da die Anzahl der möglichen Verbindungen mit wachsender Kettenlänge der Alkanmoleküle stark ansteigt (Tabelle), wurden zur eindeutigen Benennung der Verbindungen international gültige **Nomenklaturregeln** aufgestellt:

1. Die längste Kohlenstoffkette (Hauptkette) im Molekül wird ermittelt. Die Anzahl ihrer Kohlenstoffatome ergibt den **Stammnamen** der Verbindung.
2. Die **Seitenketten** werden als Alkylreste benannt. Ihre Namen (↗ S. 14) werden vor den Stammnamen gesetzt.
3. Die **Anzahl der** jeweils gleichen **Alkylreste** wird mit griechischen Zahlwörtern benannt und vor die Namen der Alkylreste gesetzt.
4. Die **Position einer Seitenkette** wird durch die Nummer des Kohlenstoffatoms, an dem die Verzweigung erfolgt, bezeichnet. Die Zahl wird dem Namen der Seitenkette vorangestellt. Die Nummerierung beginnt an der Seite der Hauptkette, an der zuerst ein Alkylrest sitzt.

Strukturformel	1 2 3 4 5 $CH_3-CH(CH_3)-CH_2-CH(CH_3)-CH_3$		
Positionen der Alkylreste (4)	Anzahl der Alkylreste (3)	Name des Alkylrestes (2)	Stammname der Verbindung (1)
2,4	Di	methyl	pentan
	2,4-Dimethylpentan		

Die Octanzahl. Das „Klopfen" von Benzinmotoren ist ein Zeichen für eine ungleichmäßige Verbrennung des Benzin-Luft-Gemisches im Zylinder. Der Motor verbraucht so mehr Benzin und hat eine geringere Leistung. Um das Klopfen zu verhindern, wird Benzin durch Zusätze (Antiklopfmittel) klopffester gemacht. Ethanol, Benzol, Bleitetraethyl sind u. a. solche Antiklopfmittel, deren Anwendung aufgrund ihrer Eigenschaften aber nicht unbedenklich ist und zu Umweltschäden führen kann. Als Maß für die Klopffestigkeit des Benzins dient die **Octanzahl OZ** (↗ S. 39).
Der Begriff Octanzahl ist vom Kohlenwasserstoff 2,2,4-Trimethylpentan, kurz Isooctan genannt, abgeleitet (Abb. 3).
Isooctan ist besonders klopffest und zündträge. Ihm wird die Octanzahl 100 zugeordnet. Das besonders zündfreudige, stark klopfende Heptan (unverzweigt) hat die Octanzahl 0 erhalten. Die Octanzahl eines Kraftstoffes gibt an, welcher Volumenanteil Isooctan im Gemisch mit Heptan die gleiche Klopffestigkeit ergibt. OZ 95 bedeutet: Es liegt ein Kraftstoff vor, dessen Zündverhalten und Klopffestigkeit dem eines Gemisches aus 95 % Isooctan und 5 % Heptan (unverzweigt) entspricht. Welchen Kraftstoff ein Auto benötigt, legt der Autohersteller fest. Superbenzin (OZ 95 bis 97) ist klopffester als Normalbenzin (OZ 91 bis 94).

ALKANE MIT VERZWEIGTEN KOHLENSTOFFKETTEN

Kohlenwasserstoff	Anzahl der möglichen Alkane
C_4H_{10}	2
C_5H_{12}	3
C_6H_{14}	5
C_7H_{16}	9
⋮	
$C_{20}H_{42}$	366 319
⋮	
$C_{40}H_{82}$	62 491 178 805 831

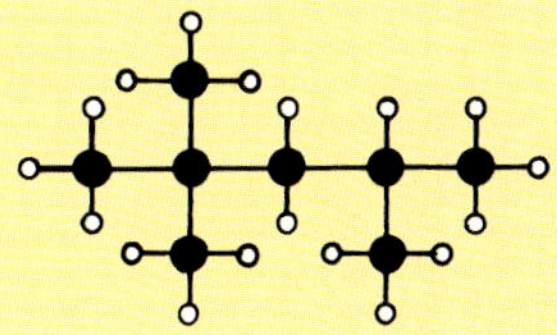
Modell des Isooctanmoleküls 3

AUFGABEN

1. Nennen Sie Gemeinsamkeiten und Unterschiede bei Alkanen mit verzweigten und unverzweigten Kohlenstoffketten.
2. Versuchen Sie, die Strukturformeln der Alkane mit 6 Kohlenstoffatomen im Molekül zu finden. Bestimmen Sie ihre Namen!
3. Entwickeln Sie die Strukturformel für 3-Ethyl-4-methylheptan. Wie lauten die Summenformel und der Name des entsprechenden unverzweigtkettigen Alkans?
4. Was bedeutet OZ 92?
5. Erläutern Sie die Aussage: „Benzin ist klopffest".
6. Warum ist zündträges Benzin für einen Motor geeigneter als zündfreudiges?

Halogenalkane

Bildung von Halogenalkanen. Würde ein Gemisch von Methan und Chlor mit Sonnenlicht oder mit einer Höhensonne bestrahlt werden, wäre eine explosionsartige Reaktion die Folge. Der Verlauf der Reaktion entspricht der Reaktion von Hexan mit Brom (↗ S. 13).

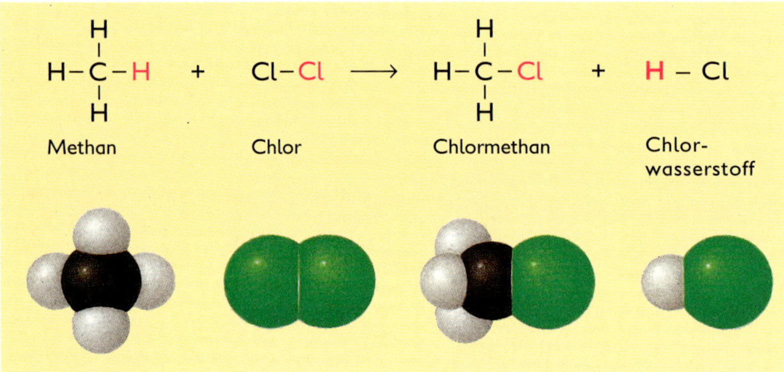

1

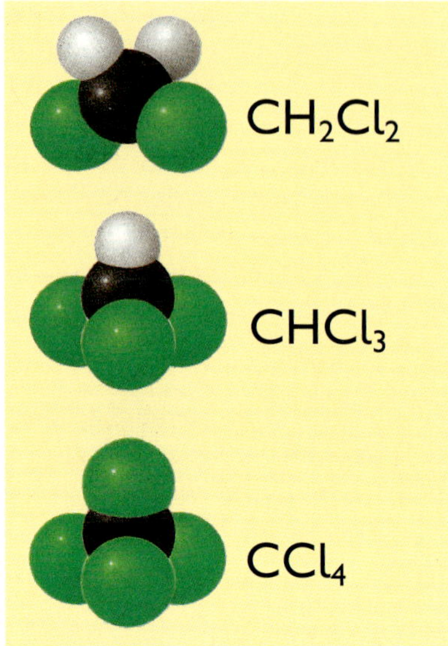

2

Bei der Reaktion zwischen Methan und Chlor entsteht Chlormethan (Abb. 1). Es können aber auch mehrere Wasserstoffatome des Methanmoleküls substituiert werden. Wird ein Wasserstoffatom im Chlormethanmolekül durch ein Chloratom ersetzt, so entsteht Dichlormethan. Durch weitere Reaktionen wird Dichlormethan zu Trichlormethan und schließlich zu Tetrachlormethan umgewandelt (Abb. 2).

$CH_3Cl + Cl{-}Cl \longrightarrow CH_2Cl_2 + H{-}Cl$

$CH_2Cl_2 + Cl{-}Cl \longrightarrow CHCl_3 + H{-}Cl$

$CHCl_3 + Cl{-}Cl \longrightarrow CCl_4 + H{-}Cl$

Bei allen vier Reaktionen wird durch Energieeinwirkung die Atombindung im Chlormolekül gespalten. Die entstehenden Chloratome sind sehr reaktionsfähig und führen stufenweise zur Spaltung der Atombindung jeweils zwischen den einzelnen Wasserstoffatomen und dem Kohlenstoffatom im Methanmolekül. Es entstehen also Gemische verschiedener Halogenverbindungen des Methans.
Jedes Wasserstoffatom eines Alkanmoleküls kann durch ein Halogenatom substituiert werden. Es gibt deshalb viele Halogenverbindungen der Alkane, die kurz **Halogenalkane** genannt werden.

Nachweis. Organische Halogenverbindungen lassen sich mit der ***Beilstein*-Probe** nachweisen (Abb. 3). Hält man eine kleine Menge eines Halogenalkans auf einem ausgeglühten Kupferblech in die nicht leuchtende Flamme, so wird diese deutlich grün gefärbt. Diese Grünfärbung tritt immer auf, wenn in den so geprüften organischen Verbindungen Halogenatome gebunden sind (Experiment 11).

Eigenschaften. Halogenalkane haben andere Eigenschaften als die Alkane, aus denen sie entstanden sind. So haben sie höhere Siedetemperaturen (Tabelle S. 17) und größere Dichten.

Experiment 11
Vorsicht! Abzug!
Eine kleine Menge von Haarspray (F), Tipp-Ex (F) und Universalkleber (F) werden jeweils auf erkaltetes, ausgeglühtes Kupferblech gegeben. Die Kupferbleche werden in die nicht leuchtende Brennerflamme gehalten.

3

Friedrich Beilstein (1838 bis 1906) wurde in St. Petersburg geboren. Ab 1853 studierte er Chemie in Heidelberg, München und Göttingen, wo er 1858 promovierte. Er schuf das „Handbuch der organischen Chemie“. Es ist als „*Beilsteins* Handbuch“ in neuer Auflage bis heute in Gebrauch. *Beilstein* ist Urheber der *Beilstein*-Probe.

Ursache sind die stärker wirkenden Anziehungskräfte zwischen den Molekülen der Halogenalkane als zwischen denen der Alkane. Halogenalkane sind ineinander und in Alkanen löslich. Sie sind gute Lösemittel für Fette. Je mehr Wasserstoffatome in Alkanmolekülen durch Halogenatome substituiert sind, umso geringer ist die Brennbarkeit des Halogenalkans.
Die meisten Halogenalkane sind sehr giftig. Halogenalkanreste müssen deshalb in dafür bereitgestellten Behältern gesammelt (Abb. 4; ↗ auch S. 112) und ordnungsgemäß beseitigt oder wieder aufbereitet werden, da es sonst zur Vergiftung des Grund- und Trinkwassers kommen kann. Ihre Schadstoffeigenschaften erfordern aber oft den Ersatz durch andere Stoffe.

Verwendung. Halogenalkane werden in Industrie und Technik vielseitig verwendet (Tabelle).

Name (Trivial- bzw. Handelsname)	Strukturformel	Verwendung
Chlormethan (Methylchlorid)	H | H–C–Cl | H	bei Synthesen zur Einführung von Methylgruppen in organische Verbindungen (Methylierungsmittel)
Dichlormethan (Methylenchlorid)	Cl | H–C–Cl | H	Lösemittel für Lacke und Polyvinylchlorid, Extraktionsmittel
Trichlormethan (Chloroform)	Cl | H–C–Cl | Cl	Lösemittel für Fette und Harze; Entfetten von Metallteilen; früher wichtiges Narkosemittel (vermutlich krebserzeugend)
Tetrachlormethan (Tetrachlorkohlenstoff, „Tetra“)	Cl | Cl–C–Cl | Cl	gutes Fettlösemittel; früher Fleckentfernungsmittel (krebserzeugend)
Triiodmethan (Iodoform)	I | H–C–I | I	Antiseptikum (Wundbehandlung), Desinfektionsmittel
Dichlordifluormethan (ein Frigen)	Cl | F–C–Cl | F	früher Kältemittel in Kühlschränken; Treibgas in Spraydosen; Verschäumungsmittel (schädigt Ozonschicht)
Bromtrifluormethan (ein Halon)	F | F–C–Br | F	früher Feuerlöschmittel (schädigt Ozonschicht)
Chlorethan (Ethylchlorid)	H H | | H–C–C–Cl | | H H	zur lokalen Betäubung, „Vereisung“; Ausgangsstoff für Benzinzusatz

Name	Schmelztemperatur in °C	Siedetemperatur in °C
Methan	–182,5	–161,5
Trichlormethan	– 63,5	60,7
Tetrachlormethan	– 22,9	76,7
Ethan	–183,5	–88,6
Chlorethan	–136,4	12,3

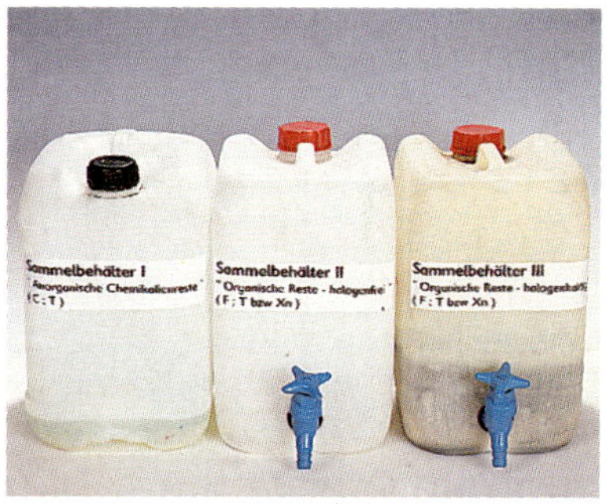

4

AUFGABEN

1. Begründen Sie, warum es viele Halogenalkane gibt.
2. Erläutern Sie anhand der Bildung des Halogenalkans Trichlormethan die chemische Reaktion Substitution.
3. Wie kann man überprüfen, ob im Fleckenwasser Halogenalkane enthalten sind?
4. Vergleichen Sie die Eigenschaften eines Halogenalkans mit den Eigenschaften des entsprechenden Alkans.
5. Nennen Sie einige für Halogenalkane typische Verwendungsmöglichkeiten.
6. Nennen Sie nicht brennbare Halogenalkane.
   Wozu könnten diese Stoffe verwendet werden?
7. Begründen Sie, warum die Verwendung von Halogenalkanen stark eingeschränkt wurde.

Projekt

Ozon – Schutzschild oder Umweltgift

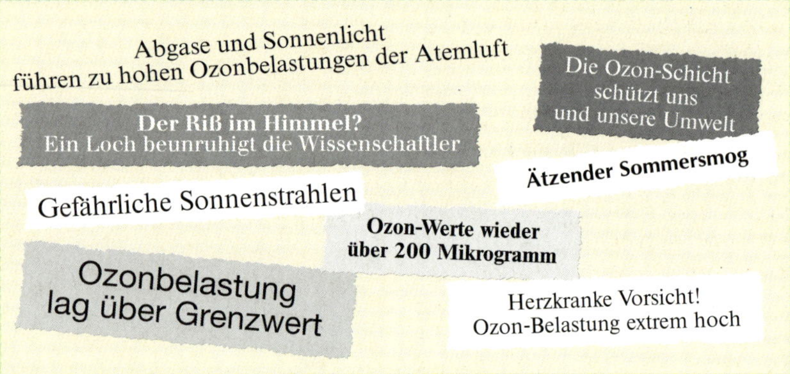
Abgase und Sonnenlicht führen zu hohen Ozonbelastungen der Atemluft

Die Ozon-Schicht schützt uns und unsere Umwelt

Der Riß im Himmel? Ein Loch beunruhigt die Wissenschaftler

Ätzender Sommersmog

Gefährliche Sonnenstrahlen

Ozon-Werte wieder über 200 Mikrogramm

Ozonbelastung lag über Grenzwert

Herzkranke Vorsicht! Ozon-Belastung extrem hoch

1

In den Medien sind immer wieder solche Schlagzeilen zu lesen. Haben diese Aussagen etwas miteinander zu tun? Hat Ozon zwei „Gesichter" (Abb. 1): „Oben zu wenig und unten zu viel?"

Wir sammeln Fragen. Ausgehend von den bereits aufgeworfenen Problemen haben Sie sicher noch weitere Fragen. Schreiben Sie Ihre Fragen auf, sammeln und ordnen Sie diese, damit Sie die Projektarbeit sinnvoll planen und organisieren können. Einige weitere Anregungen:
Was ist Ozon? Wie wirkt Ozon? Wie entsteht Ozon? Wo kommt Ozon her? Seit wann gibt es Ozon-Konzentrationsmessungen? Wie werden Ozonmessungen durchgeführt? Wann wird Ozonalarm ausgelöst? Welche Risiken bestehen durch Ozon für Lebewesen? Ohne Ozon kein Leben! Richtig oder falsch?
Besteht ein Zusammenhang zwischen Ozon und UV-Strahlung? Was ist unter dem „Ozonloch" zu verstehen? Welche nationalen und internationalen Reaktionen gibt es bezüglich des Ozonabbaus in der Stratosphäre? Was kann der Einzelne tun? Was sind „Ozonkiller"?

Wir planen die Projektarbeit. Aus den Fragen leiten sich Aufgaben und Aufträge für Arbeitsgruppen ab, die Sie für die Bearbeitung bestimmter Themenkomplexe bilden sollen. Eine Gruppe könnte sich mit dem Ozon an der Erdoberfläche, eine andere mit dem Ozon in der Stratosphäre und die nächste mit dem Nachweis von Ozon und den Auswirkungen von UV-Strahlen befassen.
Neben der Festlegung der Aufgaben müssen Sie auch planen, auf welchen Wegen Sie Antworten auf Ihre Fragen gewinnen wollen. Welche Informationen sollten in Zeitungen bzw. Zeitschriften, in Lehr- oder Fachbüchern oder in anderen Medien gesucht werden? Was lässt sich experimentell ermitteln? Wozu könnten Befragungen nützlich sein?
Jede Gruppe sollte die Ergebnisse der Planung schriftlich festhalten, damit zügig und rationell gearbeitet werden kann.

Schon gewusst?

Das **Ozonloch** über der Antarktis war im August 1998 so groß wie noch nie in einem August seit Beginn der Messungen 1980. Die Ozonschicht war um 20 Prozent reduziert. 1997 lag der Wert in diesem Monat bei 15 Prozent. Das Loch war mit 20 Millionen Quadratkilometern zweimal so groß wie Europa vom Atlantik bis zum Ural.
Wenn der Polarwinter in der Antarktis im August zu Ende geht, beginnt die Ozonschicht zu schrumpfen. Die niedrigsten Werte werden Anfang Oktober gemessen, ehe sich die Schicht wieder aufbaut.

Ozonwerte in μg/m³ Luft	Gesundheitliche Folgen
ab 160 ··· 300	Veränderung der Lungenfunktion
ab 200	Tränenfluss, Atembeschwerden, Kopfschmerzen, Reizung der Atemwege
ab 240 ··· 300	Asthmaanfälle häufen sich
ab 240 ··· 700	Verfall der Leistungsfähigkeit

Wir arbeiten in Projektgruppen. Jetzt bearbeitet jede Projektgruppe ihre Thematik entsprechend der Planung.
Mitglieder einer Gruppe sammeln Informationen über den Sommersmog, erkunden Ozon-Konzentrationen in ihrem Heimatort und in Deutschland. Eine andere Gruppe informiert sich über den natürlichen Ozonkreislauf und den Ozonabbau in der Stratosphäre durch FCKW (Abb. 3), erstellt für FCKW einen Steckbrief und sucht nach möglichen Ersatzstoffen.
Andere Schüler erkunden die Risiken erhöhter UV-Strahlung für den Menschen (Abb. 1 und 2, Seite 20), für Tiere und Pflanzen und für das globale Klima. Eine andere Gruppe befasst sich mit historischen Fragen zur Entdeckung des Ozonloches und den nationalen und internationalen Reaktionen darauf.
Die Lehrbuchseite 20 enthält Hinweise auf mögliche Experimente, die Ihre Arbeit hilfreich unterstützen können. Bereiten Sie Experimente unter Beachtung aller Gefahrenhinweise vor und lassen Sie die Experimentieranordnung stets vor Beginn des Arbeitens vom Lehrer abnehmen.

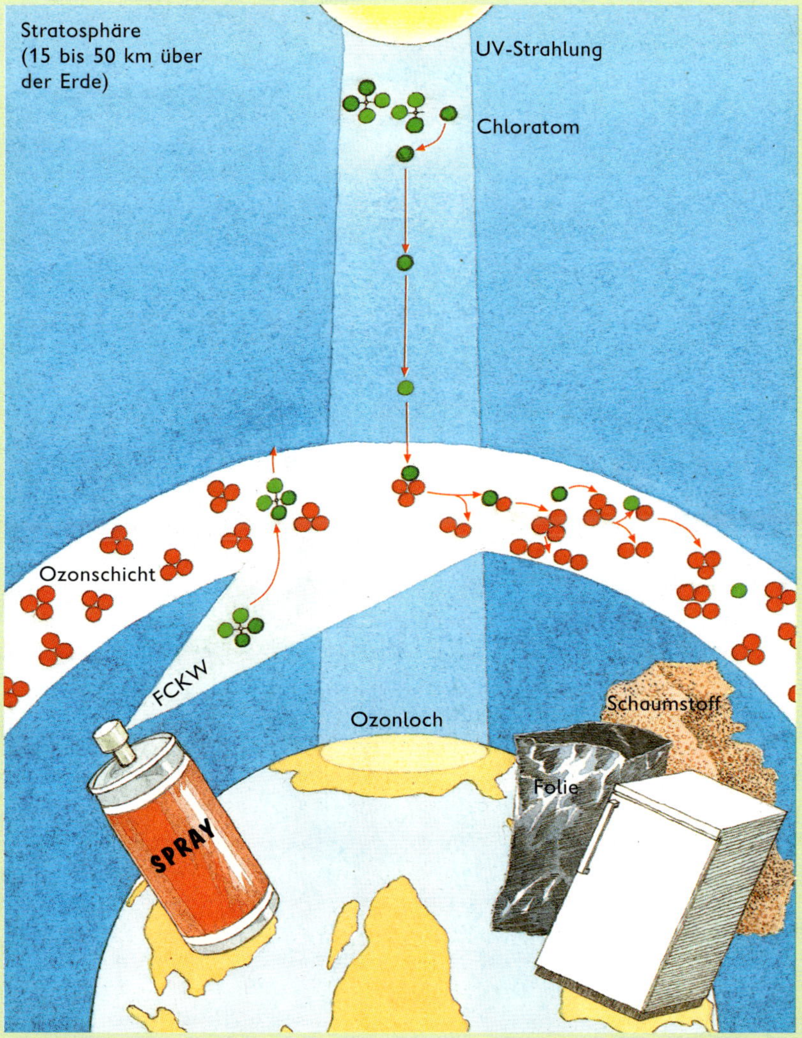

3

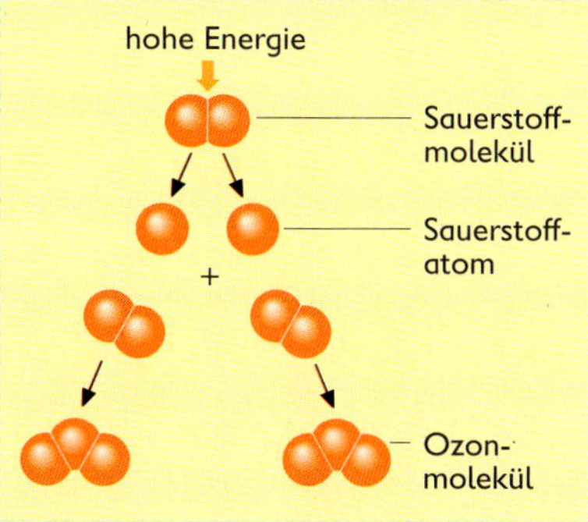

2
Modell der Ozonentstehung

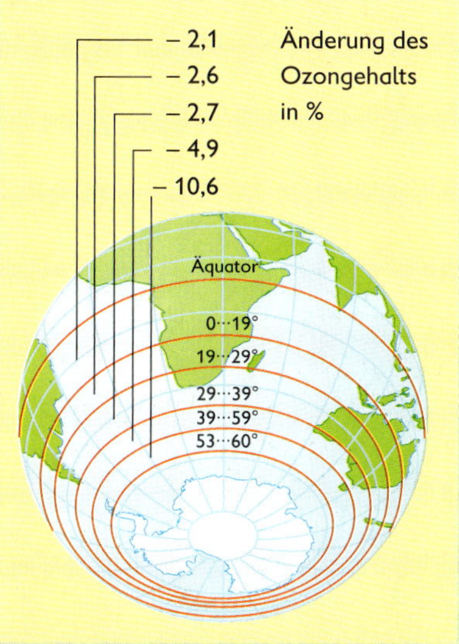

4
Durchschnittliche Ozonabnahme

Schon gewusst?

Ozon am Arbeitsplatz
Unabhängig vom Ozongehalt der Außenluft können an Arbeitsplätzen erhöhte Ozonwerte auftreten, wenn dort Ozon hergestellt, verwendet oder von Arbeitsgeräten abgegeben wird. Die verbreitetsten Ozonquellen sind Fotokopierer und Laserdrucker. Sie erzeugen in elektrischen Feldern durch Zerlegung des Luftsauerstoffes Ozon. Wie viel davon entsteht und in die Raumluft entweicht, hängt von der Bauart der Geräte ab. Wie groß ist der MAK-Wert für Ozon? Welche Bedeutung haben MAK-Werte?

Experiment 1

Stellen Sie Ozon (O, T) durch elektrische Entladung her!

Abzug benutzen! Ozon nicht einatmen! Anleitung für das Tesla-Gerät genau beachten!

Im Reagenzglas befindet sich ein Gemisch von je 4 ml 1%iger Kaliumiodidlösung und 1%iger Stärkelösung. Schließen Sie an die Kupferdrahtelektroden das Tesla-Gerät an und schalten Sie es danach für etwa 1 Minute an. Drücken Sie dann mit dem Gummihandgebläse das Gas aus dem Rohr in die Kaliumiodid-Stärke-Lösung. Beachten Sie auftretenden Geruch.

Stellen Sie Ihre Beobachtungen zusammen. Was lässt sich für elektrische Entladungen bei einem Gewitter folgern?

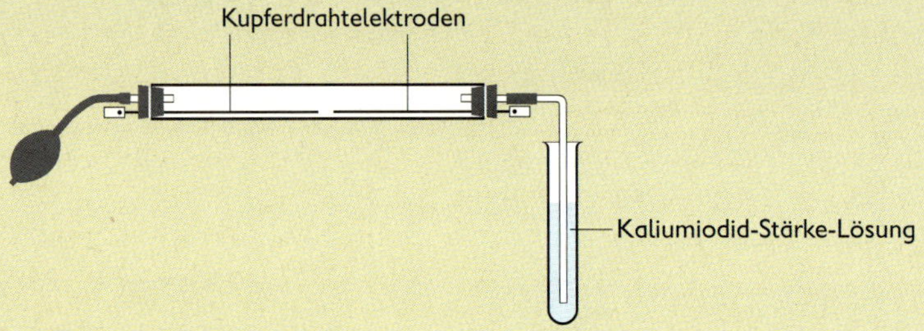

Experiment 2

Untersuchen Sie Eigenschaften von Ozon (O, T)!

Abzug benutzen! Ozon nicht einatmen!

Benutzen Sie zur Herstellung von ozonhaltiger Luft die Apparatur von Experiment 1. Befestigen Sie einen Wattebausch an einem Glasstab und tränken Sie ihn mit Ethanol (F). Stellen Sie dann ozonhaltige Luft her. Leiten Sie diese a) auf den alkoholgetränkten Wattebausch, b) auf eine Stelle eines aufgeblasenen Luftballons.

Drücken Sie schließlich ozonhaltige Luft durch ein Reagenzglas mit 5 ml 5%iger Salzsäure und 10 Tropfen Lackmuslösung sowie in einem zweiten Reagenzglas durch Indigolösung.

Deuten Sie Ihre Beobachtungen. Welche Folgerungen lassen sich für die Wirkung von Ozon auf andere Stoffe ableiten?

Experiment 3

Ermitteln Sie den Ozongehalt in der Luft mit einem Gasspürgerät und Teströhrchen!

Wählen Sie verschiedene Messpunkte aus (verkehrsreiche Kreuzung, Nähe eines Fotokopierers, einer Höhensonne oder einer UV-Lampe). Ermitteln Sie dort den Ozongehalt.

Welche Folgerungen leiten Sie aus den Messergebnissen ab?

Die Projektgruppen stellen ihre Ergebnisse vor. Jede Arbeitsgruppe sollte ihre Ergebnisse vorstellen, mit allen am Projekt beteiligten Schülern darüber diskutieren und schließlich zu einem gemeinsamen Arbeitsergebnis zusammenfassen. Die Ergebnisse Ihrer Arbeit sind sicher auch für andere Schüler und die Bürger Ihres Heimatortes interessant. Möglichkeiten für eine öffentliche Präsentation sind u. a. Vorstellen der Ergebnisse in einer Posterausstellung, Entwickeln eines Informations- oder Flugblattes, Veröffentlichungen in der Tagespresse, Vorträge bei Elternabenden oder auf Schulveranstaltungen.

Schon gewusst?

Ozon durch Hochspannung

Überall, wo elektrische Felder hoher Spannung auftreten, bewirken sie durch Funkenstrecken oder „stille Entladung“ die Erzeugung von Ozon. Das gilt für den Blitzschlag ebenso wie für die Elektrisiermaschine. Auch entlang von Hochspannungsleitungen bilden sich geringe Mengen Ozon. Bei einer Übertragungsspannung von 380 kV kann bei nassem Wetter am Boden mit einer Erhöhung um 2 $\mu g/m^3$ gerechnet werden.

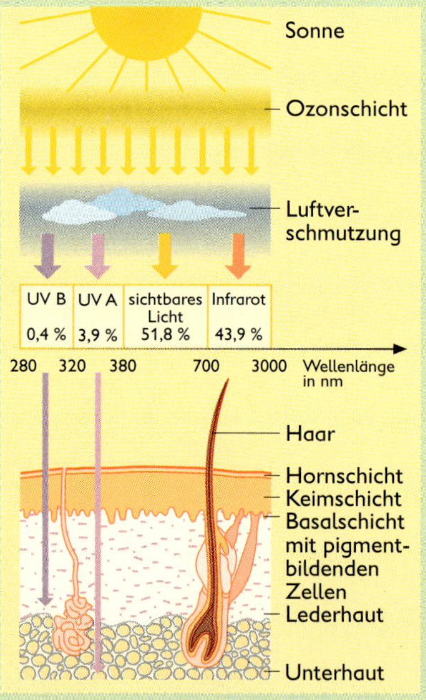

1 UV-Strahlen dringen in die Haut ein

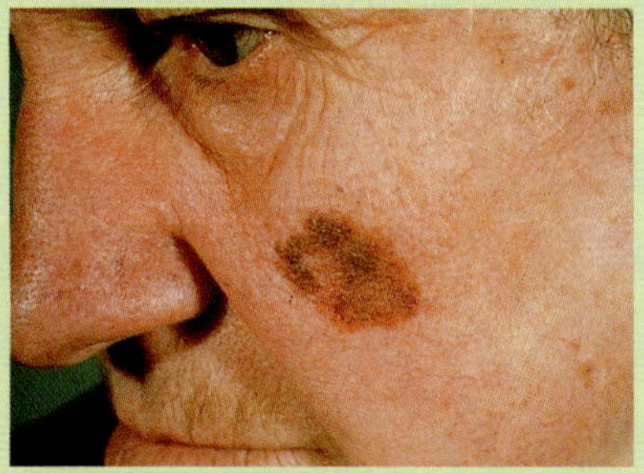

2 Hautkrebs kann Folge übermäßigen Sonnenbadens sein.

AUFGABEN

1. Was bedeutet der „Blaue Umweltengel“ auf bestimmten Verpackungen von Produkten?
2. Erläutern Sie an einem selbst gewählten Beispiel, dass bei kettenförmigen Kohlenwasserstoffen zwischen den Eigenschaften und ihren Verwendungsmöglichkeiten ein Zusammenhang besteht.
3. Entwickeln Sie die Reaktionsgleichung für die Bildung eines Chlorpropans. Bestimmen Sie die Art der chemischen Reaktion.
4. Leiten Sie aus den folgenden Strukturformeln die Summenformeln und die Namen der Halogenalkane ab.

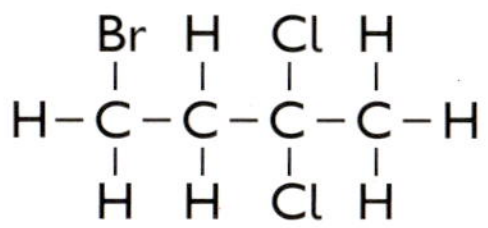

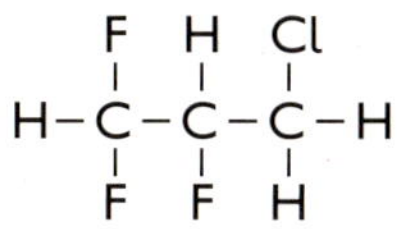

5. Nennen Sie Kohlenwasserstoffe, die zur Energieerzeugung verwendet werden.
6. Worauf ist zu achten, wenn mit flüssigen oder gasförmigen Alkanen gearbeitet wird?
7. Erläutern Sie folgende Reaktionsgleichungen:
   $2\ C_2H_6 + 7\ O_2 \longrightarrow 4\ CO_2 + 6\ H_2O$,
   $C_2H_6 + F_2 \longrightarrow C_2H_5F + HF$.
8. Warum verbrennt Eicosan mit stark rußender Flamme?
9. Welche Stoffe entstehen bei der unvollständigen Verbrennung von Alkanen?
10. Erläutern Sie anhand der Strukturformel von Pentan, warum diese Verbindung als gesättigter Kohlenwasserstoff bezeichnet wird.
11. Woran kann man erkennen, dass Heptan mit Brom reagiert?
    Entwickeln Sie eine Reaktionsgleichung!
12. Erläutern Sie den Begriff „homologe Reihe“!

Im Überblick

Alkane

Organische Verbindungen, die nur aus Kohlenstoff und Wasserstoff bestehen und deren Kohlenstoffatome durch eine einfache Atombindung miteinander verbunden sind.

Alkane

Unverzweigte Alkane

z. B. Butan

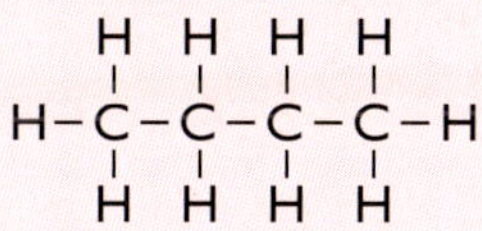

Verzweigte Alkane

z. B. 2-Methylpropan

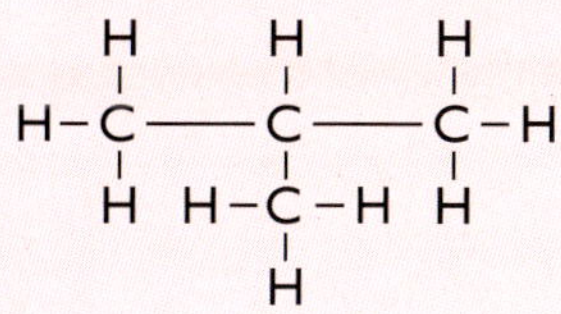

Chemische Reaktionen der Alkane

Vollständige Verbrennung: z. B. $CH_4 + 2\ O_2 \longrightarrow CO_2 + 2\ H_2O$

Unvollständige Verbrennung:

z. B. $2\ C_6H_{14} + 13\ O_2 \longrightarrow 12\ CO + 14\ H_2O$

Bildung von Halogenalkanen durch Substitution: Reaktion, bei der zwischen den Molekülen der Ausgangsstoffe Atome ausgetauscht werden, z. B.

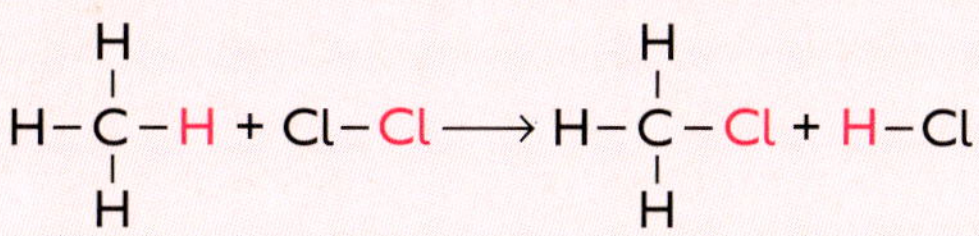

3

Weitere Kohlenwasserstoffe – Ethen und Ethin

Ethen und Ethin gehören zu den Kohlenwasserstoffen, da sie nur aus Kohlenstoff und Wasserstoff zusammengesetzt sind. Ethin wurde früher in Carbidlampen hergestellt und als Leuchtmittel genutzt. Wie ist das möglich?

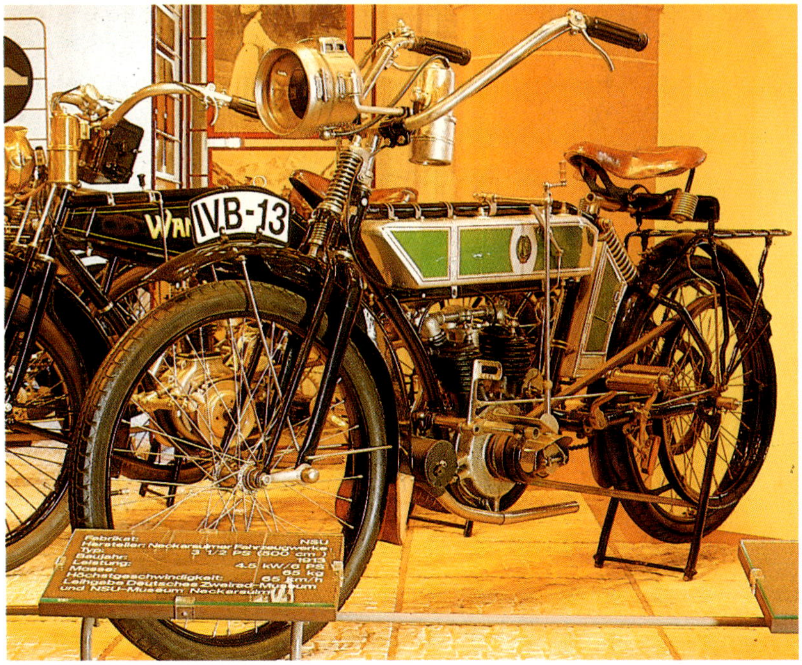

Ethen (Ethylen)

Eigenschaften und Verwendung. Ethen ist bei 20 °C ein farbloses, leicht süßlich riechendes Gas. In Wasser ist es fast unlöslich. Ethen brennt an der Luft mit leuchtender und schwach rußender Flamme (Experiment 1). Nur in reinem Sauerstoff verbrennt Ethen vollständig. Ethen-Luft-Gemische sind explosiv.
Die Schmelz- und die Siedetemperatur von Ethen sind den entsprechenden Werten von Ethan ähnlich.
In der Natur wird Ethen von reifendem Obst, z. B. von Äpfeln, ausgeschieden. Es dürfen deshalb früh reifende Äpfel nicht zusammen mit spät reifenden Sorten eingelagert werden, da durch die Ethenabgabe die Reifung der späten Sorten zu schnell erfolgen würde. Auch in den Bananen entsteht Ethen und fördert so deren Reifung. Die Bananen können also bereits grün geerntet und in Kühlhäuser eingelagert werden. Durch die Kühlung wird die Ethenbildung verzögert. Die Fruchtreifung kann durch den Menschen gesteuert werden. Durch Begasung mit Ethen wird in Lagerhallen die Reifung von Obst eingeleitet und beschleunigt. Das Obst ist nach kurzer Zeit reif. In den Geschäften kann es dann als „erntereif" angeboten werden.
Ethen wird vor allem zur Herstellung von Kunststoffen, Lösemitteln (Tabelle), Klebstoffen und Medikamenten verwendet.

Bau. Ethen ist wie Ethan ein Kohlenwasserstoff. Das Ethenmolekül enthält aber zwei Wasserstoffatome weniger als das Ethanmolekül. Ethen hat die Summenformel C_2H_4. Im Ethenmolekül sind an jedes Kohlenstoffatom nur zwei Wasserstoffatome gebunden. Der Zusammenhalt der beiden Kohlenstoffatome wird durch zwei gemeinsame Elektronenpaare bewirkt (Abb. 1).

Experiment 1 L
Vorsicht!
Ethen (F+) wird im Standzylinder verbrannt und die Verbrennungsprodukte werden identifiziert.

C_2H_4	H H C::C H H
Summenformel	Elektronenformel
H₂C=CH₂: $H_2C{=}CH_2$	Strukturformel

1

Reinigungssymbol	Bedeutung des Symbols
	Chemische Reinigung mit dem Lösemittel Tetrachlorethen (Perchlorethylen, „Per") möglich

Im Ethenmolekül liegt zwischen den beiden Kohlenstoffatomen eine **Doppelbindung** vor. Gemeinsamkeiten und Unterschiede zwischen Ethen und Ethan sind am Molekülbau gut zu erkennen (Abb. 2).

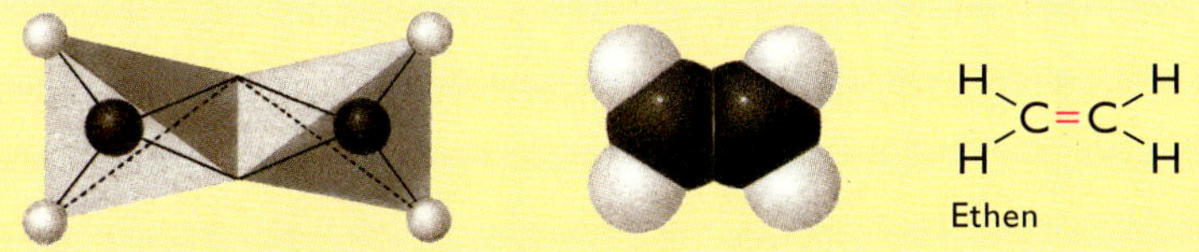

2

Ethen ist ein farbloses, kaum wasserlösliches, brennbares Gas. Im Ethenmolekül liegt eine Doppelbindung vor, die durch zwei Elektronenpaare zwischen den Kohlenstoffatomen gebildet wird.

Homologe Reihe der Alkene. Neben dem Ethen gibt es Kohlenwasserstoffe mit mehr als zwei Kohlenstoffatomen im Molekül, die ebenfalls eine Doppelbindung zwischen zwei Kohlenstoffatomen aufweisen (Tabelle).

Name	Summenformel	Strukturformel
Propen	C_3H_6	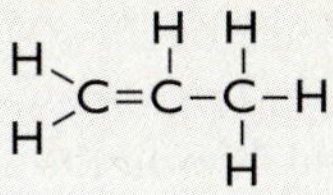
Buten	C_4H_8	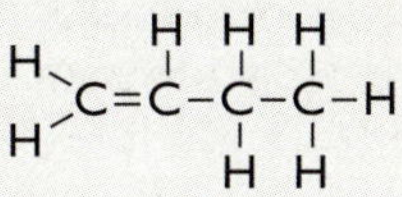

Alle diese Verbindungen gehören zur Stoffklasse der **Alkene**. Die Alkene bilden wie die Alkane eine homologe Reihe. Ihre allgemeine Summenformel lautet $\mathbf{C_nH_{2n}}$. Die Alkene gehören zu den **ungesättigten Kohlenwasserstoffen**, da ihre Moleküle weniger Wasserstoffatome enthalten, als sie aufgrund der möglichen Atombindungen aufnehmen könnten. Das charakteristische Strukturmerkmal der Alkene ist eine Doppelbindung im Molekül.
Die Alkene haben im wesentlichen die gleichen physikalischen Eigenschaften wie die Alkane. So steigen zum Beispiel die Siede- und Schmelztemperaturen in Abhängigkeit von der Molekülgröße (Tabelle). Alkene sind in Wasser unlöslich, lösen sich aber gut in flüssigen Alkanen.
Die **Namen der Alkene** werden von denen der Alkane abgeleitet. An die Stelle der Endsilbe „an" bei den Alkanen tritt die Endsilbe **„en"**. Bei Alkenen mit mehr als drei Kohlenstoffatomen im Molekül wird die Stellung der Doppelbindung im systematischen Namen mit angegeben.

$$\overset{1}{C}H_2{=}\overset{2}{C}H-\overset{3}{C}H_2-\overset{4}{C}H_2-\overset{5}{C}H_2-\overset{6}{C}H_3 \qquad \text{1-Hexen}$$

$$\overset{1}{C}H_3-\overset{2}{C}H{=}\overset{3}{C}H-\overset{4}{C}H_2-\overset{5}{C}H_2-\overset{6}{C}H_3 \qquad \text{2-Hexen}$$

ETHEN (ETHYLEN)

Name	Siedetemperatur in °C
Ethen	–103,7
Propen	– 47,4
1-Buten	– 6,3
1-Penten	+ 30,0
1-Hexen	+ 63,4
1-Hepten	+ 93,1
1-Octen	+122,5

Name	Schmelztemperatur in °C
1-Hexadecen	+ 4,0
1-Heptadecen	+ 10,7
1-Octadecen	+ 18,0

AUFGABEN

1. Vergleichen Sie den Bau der Moleküle von Ethan und Ethen.
2. Beschreiben Sie die Einfachbindung im Vergleich zur Doppelbindung am Beispiel der Moleküle von Ethan und Ethen.
3. Entwickeln Sie die Reaktionsgleichung für die vollständige Verbrennung von Ethen.
4. Bilden Sie den Namen des folgenden Alkens: $CH_3-CH{=}CH-CH_3$.
5. Welchen Aggregatzustand haben Alkene bei 20 °C?
6. Warum bilden Alkene eine homologe Reihe?
7. Stellen Sie die verkürzten Strukturformeln für Propan und Propen auf und vergleichen Sie.
8. Nennen Sie Unterschiede zwischen gesättigten und ungesättigten Kohlenwasserstoffen.

Reaktionen der Alkene

Additionsreaktion. Wenn man Bromdampf mit Ethen mischt (Experiment 2), verschwindet die Farbe des Broms sehr schnell. Die beiden Gase bilden ein farbloses Reaktionsprodukt, das 1,2-Dibromethan. Auch beim Einleiten von Ethen in Bromwasser verschwindet die braune Färbung nach kurzer Zeit. Es erfolgt die gleiche chemische Reaktion (Abb. 1).

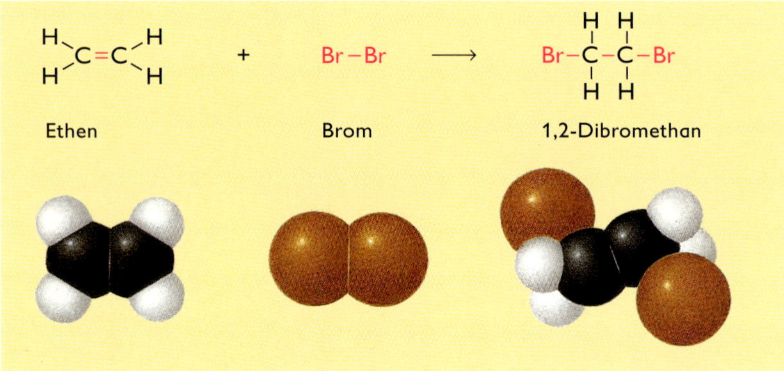

1

Da sich bei dieser Reaktion kein zweites Reaktionsprodukt bildet, müssen sich Ethenmoleküle und Brommoleküle direkt miteinander verbunden haben. Das ist möglich, weil in Ethenmolekülen eine Doppelbindung vorhanden ist. Bei der Reaktion geht die Doppelbindung zwischen den Kohlenstoffatomen in eine Einfachbindung über. Dadurch kann an jedes Kohlenstoffatom im Ethenmolekül jeweils ein Bromatom angelagert werden. Allgemein bezeichnet man die Anlagerung von Atomen oder Atomgruppen an Moleküle mit Doppelbindungen als **Addition**.

Die Entfärbung einer wässrigen Bromlösung gelingt mit allen ungesättigten Kohlenwasserstoffen. Deshalb wird diese chemische Reaktion zum **Nachweis** für ungesättigte Kohlenwasserstoffe genutzt (Experiment 3).

Die Alkene können nicht nur Brom, sondern auch andere Halogene (z. B. Chlor) oder Halogenwasserstoffe (z. B. Chlorwasserstoff) addieren. Dabei verläuft die Reaktion jeweils in analoger Weise wie mit Brom (Abb. 2).

Die Addition ist eine chemische Reaktion, bei der sich jeweils zwei Moleküle der Ausgangsstoffe zu einem Molekül des Reaktionsproduktes vereinigen.

Die Addition von Wasserstoff heißt **Hydrierung**. Durch Hydrierung kann ein Alken in ein Alkan umgewandelt werden.

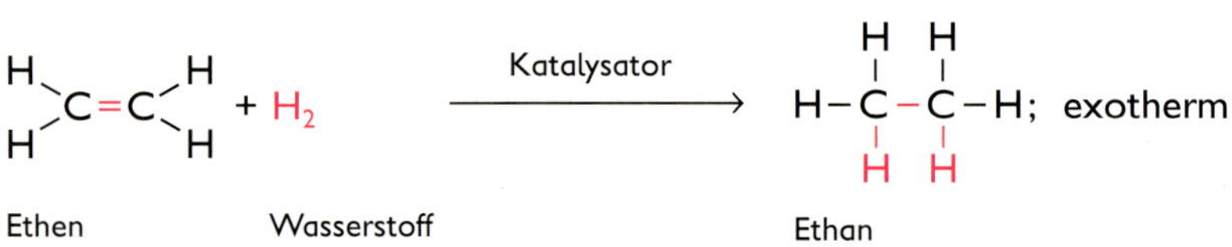

Experiment 2 L

Vorsicht! Abzug!

Ethen (F+) wird mit Bromdampf (T+, C, N) gemischt oder mit 3%igem Bromwasser (T, Xi) versetzt und geschüttelt.

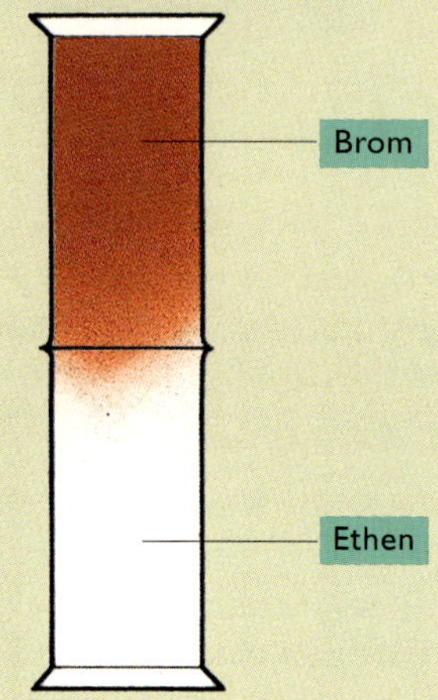

Experiment 3 L

Vorsicht! Abzug!

Petroleumbenzin (F) wird auf ungesättigte Kohlenwasserstoffe geprüft. Dazu werden 10 Tropfen Petroleumbenzin (F) mit 3 Tropfen 3%igem Bromwasser (T, Xi) versetzt und geschüttelt.

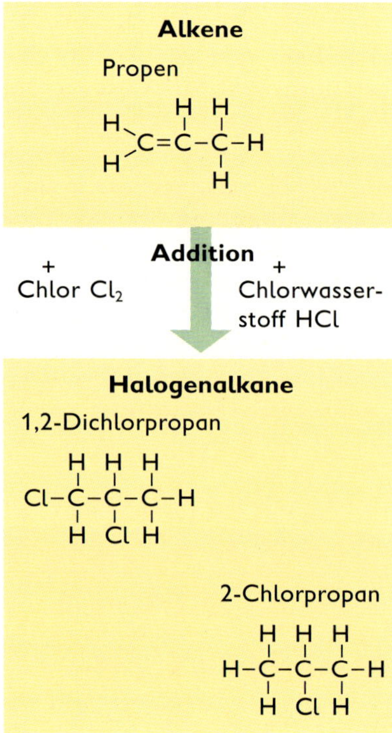

2

Bildung von Alkenen. Durch Abspaltung von Wasserstoffatomen aus Molekülen von Alkanen können unter Verwendung von Katalysatoren Alkene hergestellt werden (Abb. 4). Diese chemische Reaktion wird als **Dehydrierung** bezeichnet.

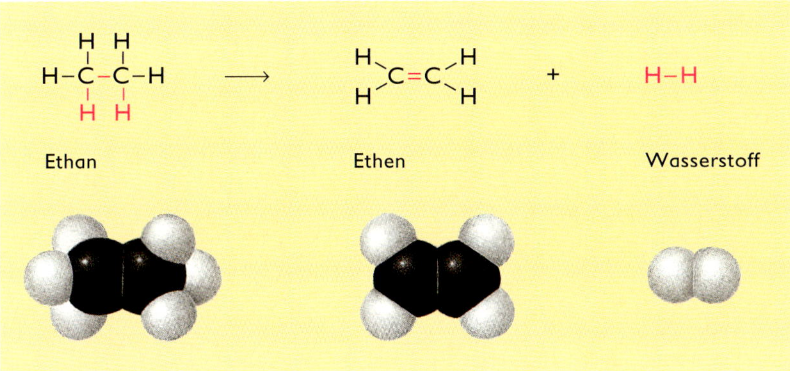

4

Die Dehydrierung ist die Umkehrung der Hydrierung. Auch Brom- oder Chloratome können aus den Molekülen von Halogenalkanen wieder abgespalten werden (Experiment 4).
Chemische Reaktionen, bei denen aus Molekülen Atome abgespalten werden, bezeichnet man als **Eliminierungen**.

Die Eliminierung ist eine chemische Reaktion, bei der aus jeweils einem Molekül des Ausgangsstoffes zwei Atome oder Atomgruppen abgespalten werden.

Polymerisation. Ethenmoleküle können nicht nur mit Molekülen anderer Stoffe reagieren. Mithilfe geeigneter Katalysatoren können Ethenmoleküle auch miteinander reagieren. Dabei brechen die Doppelbindungen der Ethenmoleküle auf und es entstehen Alkane mit sehr langkettigen Molekülen. In diesen sind die Kohlenstoffatome durch Einfachbindungen miteinander verbunden. Die fortlaufende Addition von vielen Einzelmolekülen mit Doppelbindung wird als **Polymerisation** bezeichnet. Sie führt zu sehr großen Molekülen, **Makromolekülen** (griechisch: makros = lang, groß). Da die Makromoleküle aus vielen Ethenmolekülen entstanden sind, wird der neue Stoff **Polyethen** oder **Polyethylen PE** genannt (griechisch: poly = viel).
Polyethylen ist ein wichtiger Kunststoff (Abb. 3) und gehört zu den Thermoplasten (↗ S. 27).

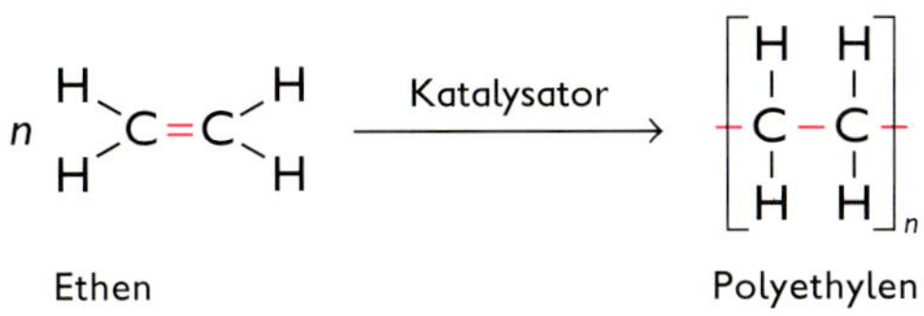

Bei der Polymerisation entstehen aus vielen Einzelmolekülen mit Mehrfachbindung Makromoleküle.

Experiment 4 **L**
Vorsicht! Abzug!
Bromethan (F, Xn) wird über kräftig erhitzte Glaswolle geleitet. Die entstehenden Gase werden mit Universalindikator und mit 5%iger Silbernitratlösung (Xi) geprüft.

3

Wertstofftonnen aus Polyethylen

AUFGABEN

1. Welche Verbindung entsteht bei der Reaktion zwischen Ethen und Chlorwasserstoff? Stellen Sie die Reaktionsgleichung auf.
2. Erläutern Sie an einem selbst gewählten Beispiel Hydrierung und Dehydrierung als entgegengesetzt ablaufende chemische Reaktionen.
3. Entwickeln Sie die Reaktionsgleichung für die Dehydrierung von Butan. Benennen Sie die Reaktionsprodukte.
   Bestimmen Sie die Reaktionsart.
4. Erläutern Sie an einem Beispiel den Nachweis von ungesättigten Kohlenwasserstoffen.
5. Was versteht man unter Polymerisation?

Kunststoffe

Neue Werkstoffe. Das durch Polymerisation hergestellte Polyethylen ist ein heute vielfältig genutzter Kunststoff. Bereits 1907 gelang dem belgischen Chemiker Baekeland die Herstellung eines harzähnlichen Kunststoffs durch Reaktion von Phenol mit Methanal. Er bezeichnete ihn als Bakelit.
Die Eigenschaften der Kunststoffe sind denen natürlicher Werkstoffe oftmals überlegen. Bei der Herstellung und Bearbeitung der Kunststoffe wird mitunter nur ein Bruchteil der Energie verbraucht, die man für andere Werkstoffe benötigt.
PVC, Vulkanfiber, Celluloid, Polystyrol, Phenoplast, Polyethylen, Gummi, Acrylglas, Polyesterfasern und Polyurethane sind heute bereits allgemein bekannte Kunststoffe. Alle Kunststoffe sind organische Stoffe wie auch Cellulose, Stärke oder Eiweiß (↗ S. 76 ff.). Sie können durch chemische Synthesen oder durch Umwandlung von Naturstoffen hergestellt werden. Dabei verbinden sich meist viele gleichartige und artverwandte **Grundbausteine** zu großen Molekülen, den **Makromolekülen.**

Kunststoffe sind organische Stoffe, die aus Makromolekülen aufgebaut sind. Viele Millionen dieser Bausteine ergeben den jeweiligen Kunststoff.

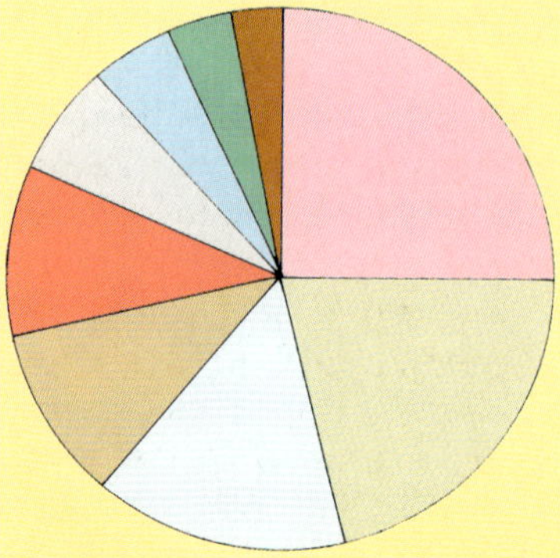

2 Verwendung von Kunststoffen

Herstellung von Werkstoffen nach Maß. Der Bedarf an Werkstoffen mit spezifischen Eigenschaften wächst ständig. Solche Eigenschaften sind zum Beispiel hohe Temperaturbeständigkeit, Beständigkeit gegenüber Chemikalien, hohe Elastizität, schwere Entflammbarkeit, lange Lebensdauer, biologische Verträglichkeit, hohe Reinheit und Schaumbildung. Aufgrund der möglichen Beeinflussung der Eigenschaften von Kunststoffen erweitern sich ständig deren Einsatzmöglichkeiten (Abb. 1 und Abb. 2). Die Veränderung der Eigenschaften von Kunststoffen kann durch Zugabe anderer Stoffe oder durch Veränderung der Reaktionsbedingungen bei der Herstellung erfolgen (Tabelle).

1

Angestrebte Eigenschaften des Werkstoffs	Zusatzstoffe
Formbeständigkeit in der Wärme	Glasfasern, Ruß, Calciumcarbonat, Glimmer, Talkum
Härte	Bronze, Cellulose, Baumwollfasern, Glasfasern, Graphit, Calciumcarbonat
Beständigkeit gegen Chemikalien	Kokspulver, Calciumsilicat, Glasfasern, Glimmer, Talkum
Minderung der Entflammbarkeit	Mineralien, Glasfasern

Thermoplaste

Eigenschaften. Wird ein Jogurtbecher in eine Schale mit Sand gestellt und erhitzt, ist zu beobachten, dass der Becher erweicht (Experiment 5). Nach dem Abkühlen wird er wieder fest. Wiederholt man diesen Vorgang, ist das Gleiche zu beobachten (Abb. 3). Bei vielen Kunststoffen ist diese Eigenschaft feststellbar. Sie werden deshalb als **Thermoplaste** bezeichnet (griechisch: thermos = warm, plass = bilden).

Thermoplaste, wie Polyethylen PE und Polyvinylchlorid PVC zeigen große Beständigkeit gegenüber Chemikalien, wie zum Beispiel Säuren und Laugen (Experiment 6), und haben eine geringe Dichte. Von einigen organischen Lösemitteln werden sie angegriffen.

Polyethylen verbrennt unter Bildung unschädlicher Stoffe. Beim Verbrennen von Polyvinylchlorid entsteht zusätzlich Chlorwasserstoff, der gesundheitsschädigend wirkt. In Müllverbrennungsanlagen müssen deshalb Abgasfilter eingebaut werden.

Thermoplaste sind Kunststoffe, die beim Erwärmen erweichen und plastisch formbar sind. Gegenüber Chemikalien sind sie zum Teil sehr beständig.

Bau. Thermoplaste bestehen aus kettenförmigen Makromolekülen, die nebeneinander linear oder nur wenig verzweigt angeordnet sind (Abb. 4). Dadurch können die Moleküle beim Erwärmen des Stoffes aneinander vorbeigleiten. Es wird die plastische Verformbarkeit ermöglicht.

Herstellung und Verwendung. Thermoplastische Stoffe lassen sich durch **Polymerisation** herstellen (↗ S. 25). Dabei verbinden sich viele kleine ungesättigte Moleküle (Monomere) unter Aufspaltung der Mehrfachbindung zu Makromolekülen. In wenigen Sekunden entstehen bei Anwesenheit von Katalysatoren aus 2000 bis zu 20 000 Monomermolekülen fadenförmige Kettenmoleküle, zum Beispiel:

Vinylchloridmolekül (Monomermolekül)

Polyvinylchloridmolekül (Polymermolekül)

Thermoplaste können durch Variation der Reaktionsbedingungen oder durch Zusatz von Stoffen in unterschiedlicher Qualität hergestellt werden.

Bei Polyvinylchlorid wird zum Beispiel zwischen Weich- und Hart-PVC unterschieden. Hart- und Weich-PVC werden für Trinkwasserleitungen, Dachrinnenmaterial, Flaschen, Isoliermaterial, Spielwaren, Wetterbekleidung, Verpackungsmaterial, Fußbodenbeläge und vieles andere mehr verwendet.

Experiment 5
In eine mit Sand gefüllte Eisenschale werden ein Jogurtbecher und ein Polyethylenstreifen gegeben; dann wird erhitzt.

Experiment 6
Je ein 3 cm langes und etwa 0,5 cm breites Jogurtbecherstück wird in 5 ml 9%ige Schwefelsäure (Xi), 5 ml 5%ige Natriumhydroxidlösung (C), 5 ml Ethanol (F) und 5 ml Aceton (F) gegeben.

3 Thermoplast schmilzt

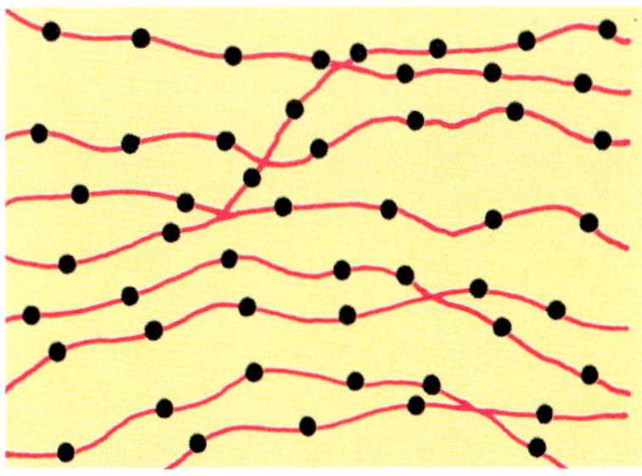

4 Modell der Anordnung von Thermoplastmolekülen

AUFGABEN

1. Warum ist es nicht sinnvoll, Polyethylen und PVC zur Herstellung von Griffen für Töpfe zu verwenden?
2. Erläutern Sie die Abhängigkeit der Verwendung von PVC und Polyethylen von den Eigenschaften dieser Stoffe.
3. Weshalb finden Thermoplaste so viele Verwendungen?

Elastomere

Eigenschaften. Elastomere nehmen nach dem Einwirken einer verformenden Kraft ihre ursprüngliche Form wieder an. Gummi, aus natürlichem oder synthetischem Kautschuk, hat diese elastische Eigenschaft. Gummi lässt sich durch Krafteinwirkung bis auf das Achtfache seiner ursprünglichen Länge dehnen ohne zu zerreißen, erlangt aber danach schnell seine Ausgangsform wieder (Abb. 1 und 2). Elastomere sind quellbar, gegenüber Chemikalien beständig und nicht schmelzbar (Experiment 7).
Wie sind diese Eigenschaften zu erklären?

Bau. Die Makromoleküle der Elastomere bestehen aus vielen gleichen Grundbausteinen. Die Moleküle sind weitmaschig vernetzt angeordnet und bilden dichte „Knäuel“ (Abb. 3). Beim Dehnen dieser Stoffe sind die „Knäuel“ auseinander gezogen. Wirken die Dehnungskräfte nicht mehr, sind die Makromoleküle wieder „verknäuelt“. Elastomere lassen sich daher nicht umformen.

1
In die Tiefe am Gummiband

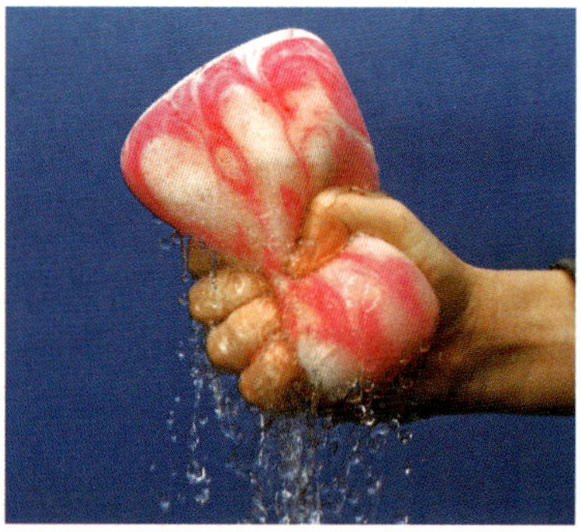

2
Elastischer Badeschwamm

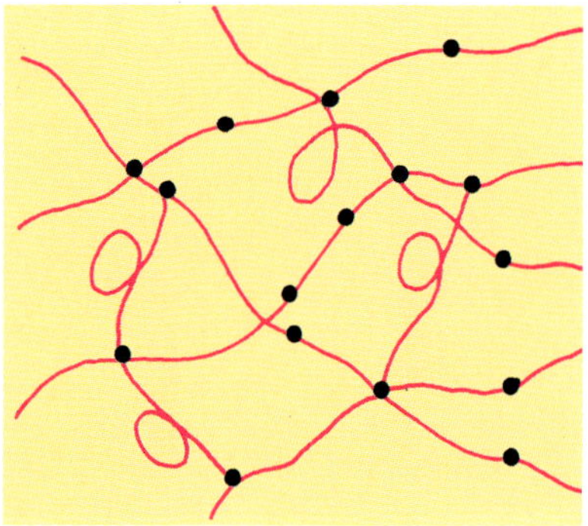

3
Modell der Anordnung der Moleküle von Elastomeren

Experiment 7
Untersuchen Sie das Verhalten von Gummi beim Erwärmen und Einwirken von Chemikalien. Arbeiten Sie nach den Durchführungsanleitungen der Experimente 5 und 6 (↗ S. 27).

Experiment 8
Die elektrische Leitfähigkeit von Thermoplasten und Elastomeren wird geprüft.

Elastomere sind aus kettenförmigen Makromolekülen aufgebaut, die weitmaschig vernetzt angeordnet sind.

Synthetischer Kautschuk. Synthetischer Kautschuk wird durch Polymerisation von **Butadien** oder **Isopren** hergestellt.

$$n\ \underset{\text{1,3-Butadien}}{H_2C{=}CH{-}CH{=}CH_2} \xrightarrow{\text{Polymerisation}} \underset{\text{Polybutadien}}{{-}[CH_2{-}CH{=}CH{-}CH_2]{-}_n}$$

Etwa 60 % der Weltproduktion an Synthesekautschuk ist Styrol-Butadien-Kautschuk.

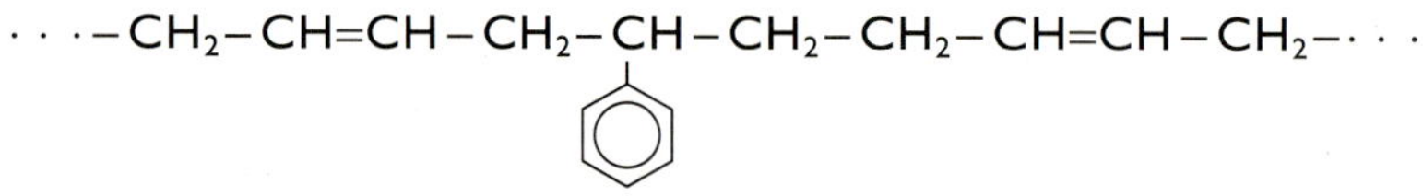

Die synthetisierten Kautschuke sind wenig wärme- und chemikalienbeständig. Durch **Vulkanisation** mit Schwefel erhält man hochelastischen und wärmebeständigen Gummi. Bei einem Massenanteil von 3 ··· 5 % Schwefel entsteht **Weichgummi**, über 5 % Schwefelanteil **Hartgummi** (Abb. 4).

4
Verhalten von Kautschuk und Gummi bei Deformation

Kunststoffrecycling

Kunststoffabfälle. Die Müllberge in allen Industrieländern wachsen unaufhaltsam. In der Bundesrepublik fallen in den Haushalten neben dem Hausmüll jährlich etwa 2,5 Millionen Tonnen Kunststoffabfälle an. Mehr als die Hälfte davon gelangt derzeit noch auf Mülldeponien. Die Verbrennung der Kunststoffe liefert zwar Energie, belastet aber die Umwelt häufig stark mit Schadstoffen. Viele der hochwertigen Kunststoffe sind zum Wegwerfen oder Verbrennen zu schade. Deshalb wird intensiv an Recycling-Verfahren gearbeitet, um Kunststoffe wieder zu verwerten.

Kunststoffrecycling-Verfahren. Thermoplastische Kunststoffe können durch **Umschmelzen** wieder aufbereitet werden. Die Stoffe werden bei höheren Temperaturen erwärmt und die so erweichten Thermoplaste in eine neue Form überführt. Die so genannten Regenerate haben vielfach Eigenschaften, die sich nur geringfügig von denen der Ausgangsstoffe unterscheiden. Bei wiederholter Verwertung können die Eigenschaften der Recycling-Produkte schlechter werden, insbesondere wenn Kunststoffgemische verwendet werden.
Um die einzelnen Kunststoffsorten so weit wie möglich zu trennen, wird auch die unterschiedliche Dichte der Kunststoffkomponenten genutzt. Dadurch können aus den zerkleinerten Kunststoffteilen des vorsortierten Hausmülls Ethen-, Propen- und Butenpolymerisate abgetrennt werden.
Wenn 950 kg Kunststoffteile je Stunde nach diesem Verfahren aufgearbeitet werden, entstehen täglich 7 ··· 8 t relativ reines Granulat.
Bei einem neueren Verfahren zur Aufbereitung von Kunststoffabfällen werden Füllstoffe wie Sand, Metallreste, Papier- und Holzstückchen zugegeben, nachdem die Kunststoffabfälle bei einer Temperatur von 140 ··· 180 °C als zähe, teigartige Masse aufbereitet wurden. Die Masse kommt in eine Form und kühlt zum Fertigprodukt aus. Die so gefertigten Bänke (Abb. 5), Pfähle, Pfosten, Palisaden und Spielplatzgeräte ersetzen entsprechende Gegenstände aus Holz, Stein, Metall und Beton gut.
Es ist auch eine chemische Umsetzung mit Wasser möglich. Unter hoher Temperatur und hohem Druck lässt man Wasserdampf auf den Kunststoff einwirken und erhält so die Ausgangsstoffe in verwertbarer Qualität zurück.

Pyrolyse. Bei der Pyrolyse werden die Kunststoffe unter Luftabschluss in einem Reaktionsapparat auf 600 ··· 900 °C erhitzt (griechisch: pyr = Feuer, lysis = Lösung), wodurch sie in petrochemische Stoffe zerlegt werden (Tabelle). Die Pyrolyse ist für fast alle Kunststoffe geeignet.
Wichtige Voraussetzung für eine weitgehende Wiederverwertung von Kunststoffabfällen ist das sortengerechte Sammeln und Sortieren. Da jeder Kunststoff seine besondere chemische Zusammensetzung hat, ist eine optimale Wiederverwertung nur „sortenrein“ möglich.

Pyrolyseprodukte	Verwendet für die Herstellung von
Ethen 37 %	Polyethylen
Propylen 19 %	Polypropylen
Methan 12 %	Energie und Stadtgas
Butadien 7 %	Kautschuk
Benzol 7%	verschiedene Kunststoffe
Sonstige 18 %	Chemierohstoffe

5 Bank aus Recycling-Kunststoff

6 Skischuhe aus Kunststoff

AUFGABEN

1. Nennen Sie Gründe für die zunehmende Bedeutung der Wiederaufbereitung von Kunststoffabfällen.
2. Warum soll in eine Mülltonne aus Kunststoff keine heiße Asche gefüllt werden?

Aus der Welt der Chemie

Kunststoffrecycling in Aktion

1. Für die sortenreine Erfassung recycelbarer Gebrauchsgegenstände stehen in allen Städten gekennzeichnete Behälter bereit.
2. In den Erfassungsstellen erfolgt eine Vorsortierung der Abfallstoffe.
3. Nach dem Vorsortieren werden die Kunststoffe zerkleinert.
4. Die zerkleinerten Kunststoffteilchen werden gewaschen, getrennt und getrocknet.
5. Nach dem Trocknen erfolgt das Formen des Altkunststoffgranulats.
6. Aus dem geformten Altkunststoffgranulat werden neue Kunststoffgegenstände hergestellt.
7. Nach dem Verbrauch sollten die Abfälle erneut sortenrein erfasst werden.

Ethin (Acetylen)

Bau. Im Ethinmolekül ist nur ein Wasserstoffatom an jedes Kohlenstoffatom gebunden. Der Zusammenhalt der beiden Kohlenstoffatome wird durch drei gemeinsame Elektronenpaare bewirkt (Abb. 1). Im Ethinmolekül liegt zwischen den beiden Kohlenstoffatomen eine **Dreifachbindung** vor. Die Doppelbindung und die Dreifachbindung werden auch als **Mehrfachbindung** bezeichnet.

Eigenschaften und Verwendung. Ethin ist ein farbloses Gas, das rein fast geruchlos ist. Technisch hergestelltes Ethin riecht dagegen durch Verunreinigungen unangenehm. Es brennt an der Luft mit stark rußender Flamme (Experiment 9). Gemische von Ethin mit Luft oder Sauerstoff sind hochexplosiv. Zur Aufbewahrung wird das Gas in Stahlflaschen mit kastanienbraunem Anstrich in Aceton unter geringem Druck gelöst. Acetylen wird in der Anlagentechnik als Brenngas zum Gasschweißen und Brennschneiden verwendet. Bei einer Mischung von Acetylen mit Sauerstoff im Verhältnis von 1 : 1,1 (bis 1,5) und der Verbrennung dieses Gemisches im Schweißbrenner werden Temperaturen von über 3000 °C erreicht (Abb. 2). Acetylen ist Ausgangsstoff für die Herstellung von Kunststoffen, Synthesekautschuk (↗ S. 28), Kunstfasern und weiteren wichtigen Produkten.

Ethin ist ein farbloses Gas, das mit stark rußender Flamme brennt. Ethin ist ein ungesättigter Kohlenwasserstoff mit einer Dreifachbindung im Molekül.

Darstellung. Ethin kann aus Erdgas oder Erdöl, aber auch aus Kalkstein und Kohle hergestellt werden. Dazu gewinnt man aus Kalkstein Calciumoxid und aus Kohle Koks. Aus diesen Produkten wird mithilfe von elektrischem Strom Calciumcarbid hergestellt. Aus Calciumcarbid und Wasser wird dann Ethin gewonnen z. B. in Carbidlampen (↗ Abb., S. 22 oben; Experiment 10).

$$CaC_2 + 2\,H_2O \longrightarrow Ca(OH)_2 + H-C\equiv C-H \,; \quad \text{exotherm}$$

Homologe Reihe. Ethin ist die einfachste Verbindung der homologen Reihe der **Alkine**. Als charakteristisches Merkmal der Alkine enthalten die Moleküle eine Dreifachbindung zwischen zwei Kohlenstoffatomen. Ihre allgemeine Summenformel ist $\mathbf{C_nH_{2n-2}}$. Die **Namen der Alkine** setzen sich aus dem Wortstamm und der **Endsilbe „in"** zusammen.

C_2H_2 Ethin C_3H_4 Propin C_4H_6 Butin

Reaktionen der Alkine. Aufgrund der Dreifachbindung in den Molekülen der Alkine sind Additionsreaktionen möglich. So kann Brom addiert werden. Diese chemische Reaktion wird zum **Nachweis** der Mehrfachbindung genutzt (Experiment 11). Ethin kann hydriert werden. Diese chemische Reaktion lässt sich so durchführen, dass Ethen oder Ethan entsteht. Auch die Addition von Halogenwasserstoff ist möglich. Von Bedeutung ist die Bildung von Chlorethen als Ausgangsstoff für die Thermoplaste (↗ S. 27).

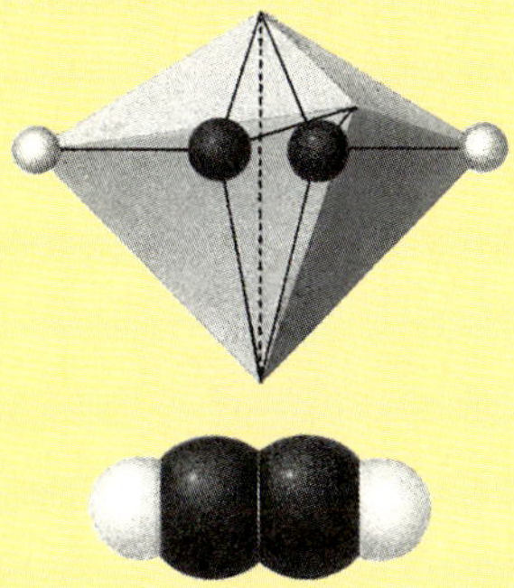

$H-C\equiv C-H$
Ethin

1

Experiment 9 L
Vorsicht! Schutzscheibe!
Ethin (F+) wird mit einem brennenden Holzspan entzündet. Die Flamme ist zu beobachten und zu beschreiben.

Experiment 10 L
Vorsicht! Abzug!
Ein linsengroßes Stück Calciumcarbid (F) wird tropfenweise mit Wasser versetzt. Das entstehende Gas wird pneumatisch aufgefangen und mit 0,3%igem Bromwasser (Xn) geprüft.

Experiment 11 L
Vorsicht! Abzug!
Hexin und Octan (F, Xn, N) werden auf Mehrfachbindungen geprüft.

2

Beim Stahlschneiden wird das Eisen erst auf Weißglut erhitzt und dann mit reinem Sauerstoff verbrannt. Beim Gasschweißen wird dagegen mit einem Überschuss an Acetylen gearbeitet.

Ringförmige Kohlenwasserstoffe

Cyclohexan. Cyclohexan ist ein Bestandteil des Benzins und gehört zu den gesättigten **ringförmigen Kohlenwasserstoffen.** Es hat die Summenformel C_6H_{12} (Abb. 1). Cyclohexan ist eine farblose Flüssigkeit mit benzinähnlichem Geruch.

Cyclohexen. Wie bei den kettenförmigen Alkenmolekülen gibt es auch ringförmige Moleküle mit Doppelbindungen, die sich in ihren Eigenschaften und ihrem Reaktionsverhalten weitgehend ähneln. Lässt man zum Beispiel auf **Cyclohexen** (Abb. 1) Bromwasser tropfen, so beobachtet man eine sofortige Entfärbung. Brom und Cyclohexen reagieren in einer Addition zu 1,2-Dibromcyclohexan. Cyclohexen ist ein **ungesättigter ringförmiger Kohlenwasserstoff**.

Benzol. Bei der Destillation von Steinkohlenteer wurde 1825 von *Michael Faraday* **Benzol** entdeckt. Benzol ist ein wichtiger Grundstoff der chemischen Industrie, der für die Herstellung von Farbstoffen, Kunststoffen und Medikamenten benötigt wird. Es ist ein typisches organisches Lösemittel.
Benzol ist eine farblose Flüssigkeit mit charakteristischem aromatischem Geruch. Es ist nicht mit Wasser mischbar, aber mit Alkohol, Ether und Aceton. Benzol lässt sich leicht entzünden und brennt mit stark rußender Flamme. Benzol ist giftig und wirkt krebserzeugend. Es kann durch die Haut und über die Atmungsorgane aufgenommen werden. Deshalb ist beim Umgang mit diesem Stoff größte Vorsicht geboten.
Benzol wird dem Motorkraftstoff bis zu einem Volumenanteil von 5 % zugesetzt, um die Klopffestigkeit des Benzins zu erhöhen (↗ S. 15 und 39). Beim Betanken von Kraftfahrzeugen an Tankstellen verdampfen von 1 l Benzin etwa 1,4 g Benzin und damit auch Benzol. Um das Einatmen dieser Dämpfe zu verhindern, werden sie durch eine Saugvorrichtung an modernen Zapfpistolen in die unterirdischen Tanks der Tankstelle zurückgeführt.

Struktur des Benzolmoleküls. Benzol ist ein ringförmiger Kohlenwasserstoff mit der Summenformel C_6H_6. 47 Jahre nach der Entdeckung des Benzols konnte der deutsche Chemiker *August Kekulé* (Abb. 2) durch seine Arbeiten zur Aufklärung der Strukturformel des Benzolmoleküls beitragen.
Heute weiß man, dass im Benzolmolekül die Kohlenstoffatome jeweils durch Einfachbindungen verbunden sind. Sechs Elektronen, von jedem Kohlenstoffatom ein Elektron, lassen sich keinem Kohlenstoffatom fest zuordnen. Sie sind zwischen den Kohlenstoffatomen frei beweglich. In der Strukturformel des Benzolmoleküls wird diese Elektronenanordnung durch einen Ring dargestellt (Abb. 1).
Weitere Verbindungen, die sich auf die Grundstruktur des Benzolmoleküls zurückführen lassen (Tabelle), sind häufig wohlriechende Stoffe. Sie gehören zu den **aromatischen Verbindungen** (lateinisch: aroma = Wohlgeruch) und werden auch als **Aromaten** bezeichnet.

Cyclohexan C_6H_{12}

Strukturformel für das Cyclohexanmolekül

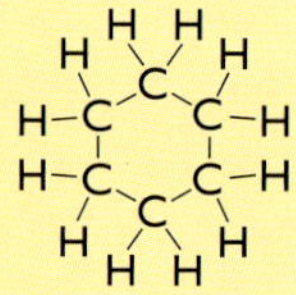

Cyclohexen C_6H_{10}

Strukturformel für das Cyclohexenmolekül

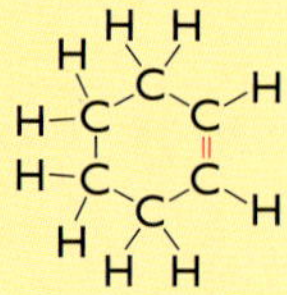

Benzol C_6H_6

Strukturformel für das Benzolmolekül

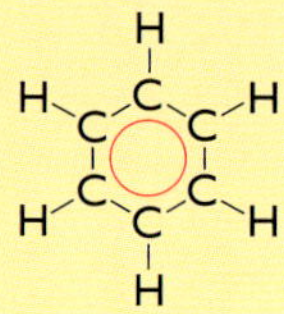

Vereinfachte Strukturformel für das Benzolmolekül

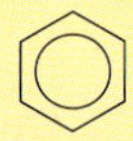

1

2

August Kekulé von Stradonitz (1829 bis 1896) war Professor an der Universität in Bonn.

Aromatische Verbindungen

Formel	Name, Verwendung
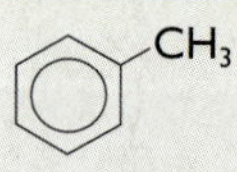	Toluol Lösemittel, Herstellung von Farb- und Sprengstoffen
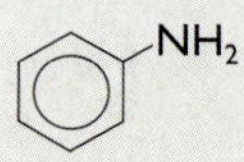	Anilin Herstellung von Farbstoffen und Arzneimitteln

Im Überblick

Einteilung der Kohlenwasserstoffe

Die Einteilung der Kohlenwasserstoffe erfolgt nach der Struktur ihrer Moleküle.

- **Kohlenwasserstoffe**
  - **Kettenförmige Kohlenwasserstoffe**
    - **Gesättigte Kohlenwasserstoffe**
      - **Alkane** z. B. Hexan
    - **Ungesättigte Kohlenwasserstoffe**
      - **Alkene** z. B. Hexen
      - **Alkine** z. B. Hexin
  - **Ringförmige Kohlenwasserstoffe**
    - **Gesättigte Kohlenwasserstoffe** z. B. Cyclohexan
    - **Ungesättigte Kohlenwasserstoffe** z. B. Cyclohexen
    - **Aromatische Kohlenwasserstoffe** z. B. Benzol

Kunststoffe

Organische Stoffe, die aus Makromolekülen aufgebaut sind z. B. Polyethylen, Polystyrol, Gummi.

Strukturmerkmale der Moleküle und Reaktionen der Kohlenwasserstoffe

Kohlenwasserstoff	Strukturmerkmal der Moleküle	Chemische Reaktion	Reaktionsgleichung für eine chemische Reaktion
Alkan	Einfachbindung	Substitution	$CH_3-CH_3 + Cl_2 \rightarrow CH_3-CH_2Cl + HCl$
		Eliminierung	$CH_3-CH_3 \rightarrow CH_2=CH_2 + H_2$
Alken	Doppelbindung	Addition	$CH_2=CH_2 + H_2 \rightarrow CH_3-CH_3$
Alkin	Dreifachbindung	Addition	$CH\equiv CH + H_2 \rightarrow CH_2=CH_2$

Substitution

Austausch von Atomen zwischen den Molekülen der Ausgangsstoffe

Eliminierung

Abspaltung von mindestens zwei Atomen oder Atomgruppen aus je einem Molekül des Ausgangsstoffes

Addition

Vereinigung von jeweils zwei Molekülen der Ausgangsstoffe zu einem Molekül des Reaktionsprodukts

Polymerisation

Bildung von Makromolekülen aus vielen Einzelmolekülen mit Mehrfachbindung

Umwandlung von Kohlenwasserstoffen

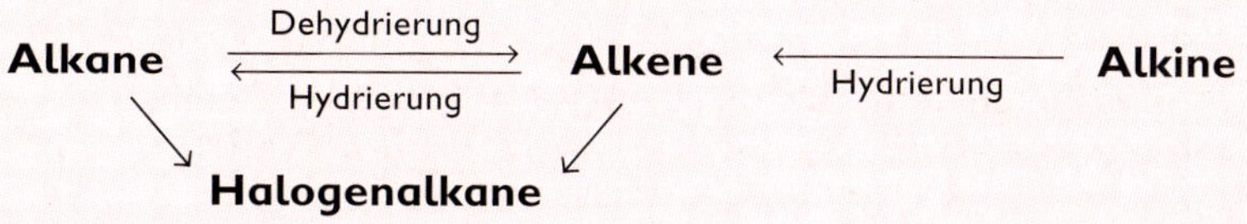

4

Erdöl und Erdgas

Industriell wird Erdöl erst seit 120 Jahren genutzt. Die Erschließung und Förderung von Erdöl- und Erdgasvorkommen unter dem Meeresspiegel ist besonders aufwendig.
Wie werden aus Erdöl Benzine, Heizöl oder Dieselkraftstoff gewonnen? Welche organischen Verbindungen lassen sich aus Erdöl herstellen?

Erdöl und Erdgas – Energieträger und Rohstoffe

Entstehung, Lagerstätten, Förderung und Transport. Abgestorbenes Plankton lagerte sich in Lagunen und Buchten ab und wurde durch Sand und Geröll überschichtet. Unter Luftabschluss wandelten Bakterien das Plankton in Faulschlamm um. Aus dem Faulschlamm bildeten sich unter dem hohen Druck der Deckschichten und bei hoher Temperatur **Erdöl** und **Erdgas** (Abb. 1). Das entstandene Erdöl und Erdgas sammelte sich in porösen Sedimentgesteinen, die von undurchlässigen Schichten umgeben waren (Abb. 2).
Auf der Suche nach Erdöl und Erdgas müssen die Bohrungen bis in die Lagerstätten vorgetrieben werden. Das Erdöl kann dann durch den in der Lagerstätte herrschenden Druck ohne technische Hilfsmittel an die Erdoberfläche gelangen oder es muss heraufgepumpt werden. Die größten Erdöl- und Erdgasvorkommen befinden sich im Nahen Osten, in Nordamerika, in Russland und in China. Die Weltvorräte an den fossilen Primärenergieträgern Erdöl und Erdgas sind jedoch begrenzt.
Die meisten Erdöl- und Erdgasquellen sind weit von den Verbraucherländern entfernt. Das frisch geförderte Erdöl (Rohöl) wird am Ort in großen Tanks gespeichert. Der Transport von Erdöl und Erdgas erfolgt über Rohrleitungen (Pipelines) zu Erdölraffinerien oder zu Verladehäfen. Vor dem Transport wird das Rohöl entgast (von gelöstem Erdgas befreit), entwässert und, wegen der Korrosionsgefahr für die Transportmittel, auch entsalzt. Erdgas kann bei tiefer Temperatur verflüssigt und so auch in Spezialschiffen transportiert werden.

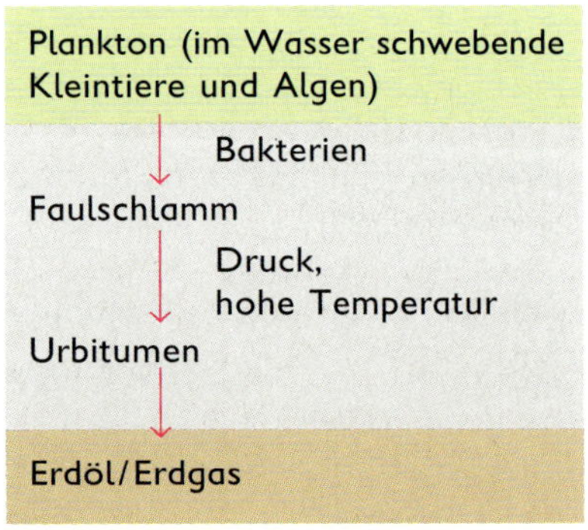

1

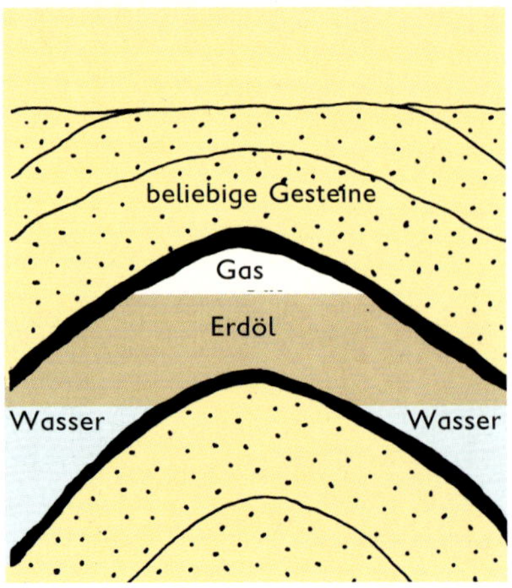

2

Zusammensetzung von Erdöl. Je nach der Zusammensetzung ist Erdöl eine charakteristisch riechende, hellbraune bis schwarzbraune ölige Flüssigkeit. Erdöl ist brennbar. Dabei entstehen Kohlenstoffdioxid und Wasser (↗ S. 7).
Erdöl ist ein Stoffgemisch aus einer großen Anzahl von organischen Verbindungen. Die Zusammensetzung ist je nach Lagerstätte sehr unterschiedlich. Erdöl enthält vor allem Kohlenwasserstoffe, deren Moleküle kurz- oder langkettig, verzweigt oder ringförmig sein können (↗ S. 7). Außerdem kann in Erdöl ein mehr oder weniger großer Anteil an stickstoff- und schwefelhaltigen Verbindungen enthalten sein.

Verwendung von Erdöl. Erdöl ist ein bedeutender Energieträger (↗ S. 100 f.) und wichtiger Rohstoff für die chemische Industrie. Produkte wie z. B. Benzin, Heiz- und Schmieröl werden jedoch erst durch die Aufarbeitung des Rohöls erhalten (↗ S. 36 ff.).

Zusammensetzung von Erdgas. Auch Erdgas ist ein Stoffgemisch. Hauptbestandteile des Erdgases sind Methan, Ethan, Propan und Butan (↗ S. 8 f.). Als weitere Gase können Kohlenstoffdioxid, Schwefelwasserstoff, Stickstoff und Spuren von Edelgasen enthalten sein. Je nach Vorkommen ist die Zusammensetzung unterschiedlich (↗ Tabelle).

Verwendung von Erdgas. Früher galt Erdgas als Abfallprodukt der Erdölförderung. Man wusste nichts mit ihm anzufangen und fackelte es einfach ab (Abb. 3). Das ist allerdings eine große Energieverschwendung, denn Erdgas ist ein wertvoller **Energieträger**. Aufgrund seiner Zusammensetzung und seines hohen Heizwertes (↗ Tabelle) wird Erdgas vorwiegend als **Heizgas** verwendet. Erdgas verbrennt schadstoffarm. Als Verbrennungsprodukte entstehen vor allem Kohlenstoffdioxid und Wasser. Feste Rückstände wie Asche, Ruß oder Staub entstehen kaum. Auch die Anteile an Schwefeldioxid und Stickstoffoxiden, die beim Verbrennen von gereinigtem Erdgas noch anfallen können, sind wesentlich geringer als bei anderen Brennstoffen.
Erdgas wird aber auch als **Rohstoff** in der chemischen Industrie verwendet, z. B. für die Gewinnung von Ruß oder zur Herstellung von Synthesegas (Gemisch aus Kohlenstoffmonooxid und Wasserstoff) für die Ammoniak- und Methanolsynthese (↗ S. 46).

Zusammensetzung von Erdgas verschiedener Vorkommen, Volumenanteile in %

Stoff	Deutschland	Niederlande	Frankreich	Russland
Methan	91,1	81,4	69,3	93,0
Ethan	5,1	2,7	3,1	3,0
Propan	2,1	0,4	1,1	1,3
Butan	0,8	0,2	0,6	} 0,6
Pentan	0,4	0,1	0,7	
Stickstoff	0,4	14,3	0,4	1,1
Kohlenstoffdioxid	0,1	0,9	9,6	1,0
Schwefelwasserstoff	–	Spuren	15,2	–

3

Brennstoff	Heizwert in $\frac{kJ}{kg}$
Holz (trocken)	16 000
Steinkohle	32 000
Erdgas	38 000
Petroleum	41 000
Heizöl	42 000
Benzin	44 000
Propan	46 000
Methan	49 000
Wasserstoff	120 000

AUFGABEN

1. Warum gibt es für Erdöl und Erdgas keine einheitliche Formel?
2. Erläutern Sie die Entstehung von Erdöl.
3. Nennen Sie Lagerstätten von Erdöl und Erdgas (↗ Atlas).
4. Erläutern Sie die Bedeutung von Erdgas als Energieträger und als chemischer Rohstoff.
5. Die Verbrennungsprodukte von gereinigtem Erdgas belasten die Umwelt nicht direkt. Trotzdem gibt es Bedenken. Worauf beruhen diese?
6. Begründen Sie, warum die Heizwerte von Erdgas unterschiedlich sein können.

Verarbeitung des Erdöls

Das vorliegende, je nach Herkunft hellbraune bis pechschwarze Erdöl (Rohöl) ist ein Gemisch von mehr als tausend verschiedenen Stoffen mit unterschiedlicher Siedetemperatur (Abb. 1). Es kann durch **Destillation** zerlegt werden.

1

Destillation von Rohöl. Beim Erhitzen des Rohöls verdampfen die Stoffe mit niedriger Siedetemperatur eher als die mit höherer Siedetemperatur. Die entstehenden Dämpfe werden abgeleitet, durch Kondensation wieder in flüssige Stoffe übergeführt und in der Vorlage aufgefangen (Experiment 1).

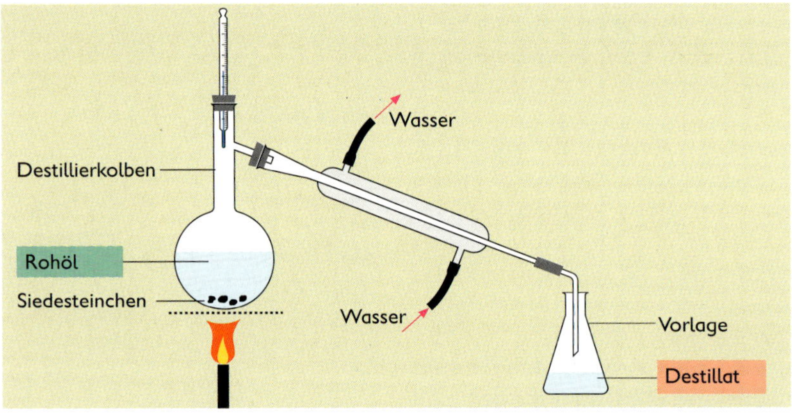

Experiment 1
Vorsicht!
Etwa 40 ml Rohöl (T) werden destilliert. Die entstehenden Fraktionen (F) sind auf Aussehen, Geruch, Viskosität und Entflammbarkeit zu untersuchen.

Bei der Destillation von Rohöl (Experiment 1) steigt die Temperatur kontinuierlich an. Es verdampft ständig etwas Rohöl und Dampf kondensiert. Das fortlaufende Ansteigen der Temperatur während der Destillation weist darauf hin, dass das Rohöl nicht in einzelne Reinstoffe, sondern nur in Gemische von Stoffen mit ähnlichen Siedetemperaturen, so genannte **Fraktionen**, getrennt werden kann (Abb. 3). Diese Fraktionen unterscheiden sich voneinander durch ihre Eigenschaften (Experiment 1). Die stufenweise Destillation des Rohöls in einzelne Fraktionen wird **fraktionierte Destillation** genannt. Sie wird in großem Umfang in der Erdölraffinerie (↗ Abb. S. 4 oben) durchgeführt.

Fraktionierte Destillation in der Technik. In den Raffinerien werden große Mengen von Rohöl verarbeitet. Es kann deshalb nicht wie im Experiment stufenweise langsam erwärmt und ständig die Vorlage gewechselt werden. Das Rohöl wird in den Raffinerien in einem **Röhren-Reaktor** sofort auf 360 ··· 400 °C erhitzt, wobei es zum größten Teil verdampft. Das Dampf-Flüssigkeits-Gemisch wird unten in den bis zu 50 Meter hohen **Destillationsturm** (Abb. 2) geleitet. Dieser ist im Innern durch zahlreiche Zwischenböden („Glockenböden") unterteilt (Abb. 3). Die Temperatur nimmt im Destillationsturm von unten nach oben ab, so dass sich die Fraktionen des Rohöls mit den höheren Siedetemperaturen auf den unteren, die niedriger siedenden auf den oberen Glockenböden sammeln. Um die Trennung zu verbessern, wird ein Teil der Flüssigkeit auf den nächsttieferen Glockenboden

2

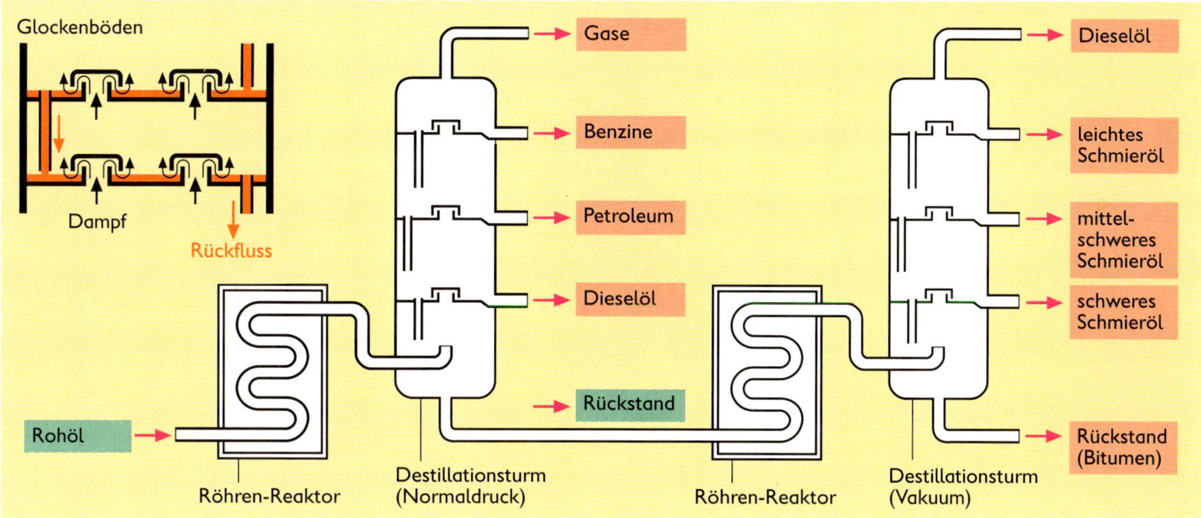

3

zurückgeleitet (Abb. 3). Je nach Aufbau des Destillationsturmes und je nach Bedingungen fallen verschiedene Rohölfraktionen an (↗ Tabelle).

Wichtige Destillationsprodukte des Rohöls

Rohöl-fraktion	Kohlenstoff-atome je Molekül	Siedetempe-raturbereich in °C	Verwendung
Gase	1 ··· 4	< 30	Heizgas, „Flüssiggas"
Benzine	5 ··· 12	< 150	Lösemittel, Vergaserkraftstoff, Waschbenzin
Petroleum	10 ··· 15	150 ··· 250	Kerosin (Düsentreibstoff), Leuchtpetroleum
Dieselöl	> 12	250 ··· 360	Dieselkraftstoff, leichtes Heizöl
Schmieröl Hartparaffin	> 20	> 350	schweres Heizöl, Schmiermittel, Kerzen, Salben
Rückstand (Bitumen)		> 500	Straßenbelag (Asphalt, Teer), Dachanstriche

Vakuumdestillation. Die Verbindungen des Rückstandes, die sich am Boden des Destillationsturmes sammeln, würden sich bei normalem Druck und Temperaturen über 400 °C zersetzen. Deshalb leitet man den Rückstand in einen anderen Destillationsturm, in dem ein verminderter Druck herrscht. Dadurch sinken auch die Siedetemperaturen des Rückstandes und er kann in weitere Fraktionen getrennt werden. Durch Vakuumdestillation werden Schmieröle, feste Kohlenwasserstoffe und das Bitumen gewonnen.

AUFGABEN

1. Was versteht man unter fraktionierter Destillation?
2. Welcher Zusammenhang ist zwischen dem Siedetemperaturbereich der Fraktionen und der Anzahl der Kohlenstoffatome in den Molekülen zu erkennen?
3. Welche Fraktionen sammeln sich am Boden des Destillationsturmes an?
4. Welche Fraktionen enthalten a) Kraft-, b) Heizstoffe?

Raffination. Die bei der Rohöldestillation gewonnenen Fraktionen sind noch keine gebrauchsfähigen Produkte. Häufig enthalten sie noch Schwefelverbindungen, die entfernt werden müssen, bevor die Produkte zum Verbraucher gelangen. Das gilt besonders für Benzine, Heiz- und Dieselöl. Dazu werden die Fraktionen zunächst mit Wasserstoff erhitzt. Dabei wandeln sich die Schwefelverbindungen in Gegenwart eines Katalysators in Schwefelwasserstoff um. Dieses übelriechende, giftige Gas wird abgetrennt und zu Schwefel weiterverarbeitet. Die Entschwefelung ist notwendig, damit beim Verbrennen möglichst kein giftiges Schwefeldioxid in die Luft gelangt.
Rohbenzine werden vollständig entschwefelt, da Schwefelverbindungen die Verarbeitung zu Kraftfahrzeugbenzinen stören. Bei leichtem Heiz- und Dieselöl darf derzeit ein Massenanteil an Schwefel von $w = 0{,}3\ \%$ nicht überschritten werden.
Bei der **Raffination** (französisch: raffiner = verfeinern) werden also unerwünschte Bestandteile aus den Fraktionen entfernt.

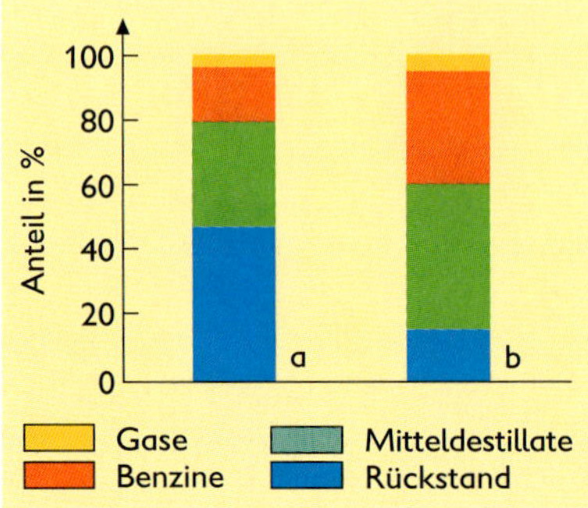

1

Anteile (a) und tatsächlicher Bedarf (b) an den Erdölfraktionen

Veredlung von Erdöl. Die bei der Erdöldestillation anfallenden Anteile an Benzin, Dieselkraftstoff und leichtem Heizöl sind nicht ausreichend. Der Bedarf an diesen Produkten ist wesentlich höher (Abb. 1). Deshalb müssen die in ausreichender Menge vorliegenden höher siedenden Destillationsprodukte in den Raffinerien so umgewandelt werden, dass sie als Benzin oder Heizöl verwendet werden können. Diese Umwandlung ist durch verschiedene **Crackverfahren** (englisch: to crack = zerbrechen, spalten) möglich. Das Wesentliche dabei ist, dass Kohlenwasserstoffe mit langkettigen Molekülen in gesättigte und ungesättigte Kohlenwasserstoffe mit kurzkettigen Molekülen aufgespalten werden (Abb. 2).
Beim **thermischen Cracken** geschieht das bei einer Temperatur von etwa 800 °C. Dieses Verfahren ist sehr energieaufwendig. Das **katalytische Cracken** erfolgt bei einer Temperatur von etwa 500 °C mithilfe eines Katalysators. Beim Cracken entsteht kein einheitliches Spaltprodukt (Abb. 2). Die Crackgase enthalten neben Alkanen vor allem Ethen und Propen. Außerdem bildet sich eine niedrig siedende Flüssigkeit, die nach Benzin riecht und leicht entflammbar ist. Im Crackbenzin lassen sich ungesättigte Kohlenwasserstoffe nachweisen (Experiment 2).

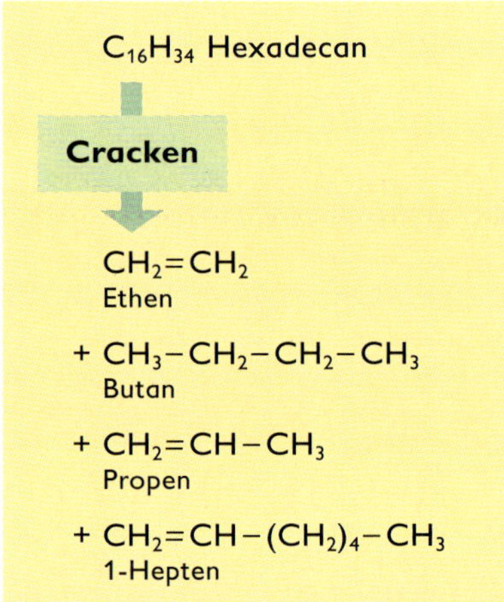

2

Beim Cracken werden Kohlenwasserstoffe mit langkettigen Molekülen in gesättigte und ungesättigte Kohlenwasserstoffe mit kurzkettigen Molekülen aufgespalten.

Experiment 2 **L**
Vorsicht! Abzug!
Paraffinöl wird langsam auf stark erhitzte Stahlwolle getropft. Die entstehenden flüssigen und gasförmigen Produkte werden aufgefangen und mit 3%igem Bromwasser (T, Xi) geprüft.

Die Qualität des durch Destillation oder Cracken erzeugten Benzins reicht für moderne Hochleistungsmotoren noch nicht aus. Die Benzinfraktionen haben meist eine zu niedrige Octanzahl (↗ S. 15). Deshalb werden minderwertige Benzinsorten durch **Reformingverfahren** (lateinisch: reformare = umgestalten) veredelt. Das Benzin wird bei einer Temperatur von etwa 500 °C und unter Druck über Platinkatalysatoren geleitet. Dabei werden unverzweigte kettenförmige Kohlenwasserstoffe in verzweigte und ringförmige Kohlenwasserstoffe umgewandelt. (↗ S. 14 f. und 32).

Kraftstoffe. Kraftstoffe sind brennbare Stoffe, die zum Betrieb von Verbrennungsmotoren genutzt werden. Sie werden oft auch Treibstoffe genannt und vor allem aus Erdöldestillaten gewonnen (↗ S. 37). Dabei braucht jeder Motortyp einen speziellen, auf seine Funktionen zugeschnittenen Kraftstoff (Abb. 3 und 4).

Benzine. Die niedrig siedenden Benzine (Vergaserkraftstoffe) treiben Ottomotoren von Kraftfahrzeugen und einfache Propellermotoren an. Vergaserkraftstoffe sind Gemische aus Alkanen (Pentan bis Dodecan), ringförmigen Kohlenwasserstoffen (↗ S. 32) und Antiklopfmitteln (↗ S. 15), die als Benzin-Luft-Gemische in den Motorraum eingespritzt und durch den Funken der Zündkerze gezündet werden (Abb. 5). Für eine vollständige Verbrennung ist nicht nur die innige Vermischung des Benzins mit der Luft wichtig, sondern auch das Mischungsverhältnis. Das Gemisch darf nicht „zu mager", aber auch nicht „zu fett" sein. Es kann sonst zu Zündfehlern kommen, die durch Motorgeräusche, das sogenannte **Klopfen** oder **Klingeln**, erkennbar sind. Der Motor verbraucht dadurch mehr Benzin, seine Leistung wird geringer, der Verschleiß erhöht sich und die Umwelt wird durch die Verschlechterung der Abgaswerte mehr belastet (↗ S. 40). Durch Antiklopfmittel und andere Zusätze kann das Benzin „motorfreundlicher", klopffester gemacht werden. Zur Beschreibung der Klopffestigkeit von Benzin dient die **Octanzahl** (↗ S. 15).

Dieselkraftstoff. Dieselmotoren benötigen Dieselkraftstoff. Diese Fraktion des Erdöls ist überwiegend ein Gemisch aus Alkanen mit längerkettigen Molekülen (15 bis 20 Kohlenstoffatome) und ringförmigen Kohlenwasserstoffen. Sie sieden in einem Bereich von 190 bis 345 °C.
Bei Dieselmotoren erfolgt die Zündung des Kraftstoffes durch Selbstzündung. Die Zündwilligkeit des Dieselkraftstoffes ist von seiner Zusammensetzung abhängig. Zur Verbrennung von 1 Liter Dieselkraftstoff werden mehr als 10 m^3 Luft gebraucht.

Kerosin. Der Kraftstoff für Flugzeuge, die mit Turbinen angetrieben werden, ist Kerosin (Abb. 3). Es ist ein Gemisch von Kohlenwasserstoffen (10 bis 15 Kohlenstoffatome) im Siedebereich von 150 bis 180 °C. Die Verbrennung des Kerosin-Luft-Gemisches erfolgt bei etwa 180 °C im Turbinenwerk. Ein Jumbojet braucht pro Stunde etwa 12 000 l Kerosin.

3

4

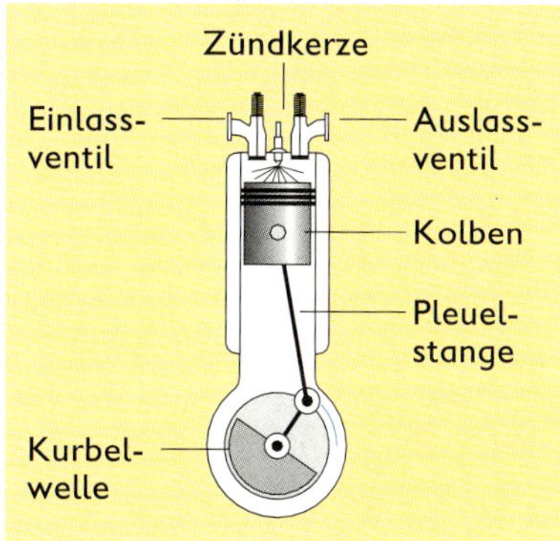

5

Zünden des Kraftstoff-Luft-Gemisches und Ausdehnen der Verbrennungsgase beim Ottomotor

AUFGABEN

1. „Wer tiefer spaltet, hat mehr vom Erdöl!" Begründen Sie diese Aussage.
2. Beim Cracken bleibt die Anzahl der Kohlenstoff- und Wasserstoffatome erhalten. Prüfen Sie das anhand der Crackprodukte (Abb. 2).
3. Informieren Sie sich, was im Ottomotor mit dem Benzin-Luft-Gemisch während der vier Takte geschieht.
4. Eine Möglichkeit, sparsam und umweltbewusst zu fahren, ist, vernünftig mit dem Gaspedal umzugehen. Geben Sie dafür Beispiele an.
5. Warum brauchen Dieselmotoren keine Zündkerzen?

Erdöl und Kohle im Vergleich

Energieträger und Rohstoff. Kohle ist der einzige **Energieträger**, von dem es in Deutschland große Lagerstätten gibt. Kohle war deshalb lange Zeit der bedeutendste Energielieferant. Heute steht die Kohle in Konkurrenz zum Erdöl und Erdgas.
Kohle, Erdöl und Erdgas unterscheiden sich in Bezug auf
- ihre geografische Verbreitung und ihre Vorräte (↗ Abb. 1, S. 100),
- ihre Zusammensetzung (Abb. 1) je nach Fördergebiet,
- ihren Heizwert (↗ S. 35; Tab., S. 100),
- ihre Schadstoffabgabe bei der Verbrennung,
- ihren Lagerraum beim Verbraucher und die anfallenden Kosten.

Ihre Nutzung als Brennstoff dient der Gewinnung von Wärme und elektrischer Energie.
Kohle, Erdöl und Erdgas sind eigentlich zum Verbrennen zu schade. Alle drei sind wichtige **Rohstoffe** für die Herstellung chemischer Produkte. Dazu müssen jedoch die Kohle und das Erdöl „veredelt" werden. Verfahren der Kohleveredlung sind die Entgasung (Erhitzen der Kohle unter Luftabschluss) und die Vergasung (Reaktion der Kohle mit Luft und Wasserdampf). Dabei werden Kohlewertstoffe gewonnen, wie z. B. Koks, Teer, Heizgas, Synthesegas, aus denen sich fast alle Stoffe wie aus Erdöl (Vergaserkraftstoffe, Schmieröle, Kunststoffe) herstellen lassen. Der Rohstoff Kohle hat jedoch gegenüber dem Rohstoff Erdöl den Nachteil, dass die Verfahren zur Herstellung chemischer Produkte im Allgemeinen komplizierter und umweltbelastender sind, mit geringeren Ausbeuten ablaufen und höhere Kosten verursachen.

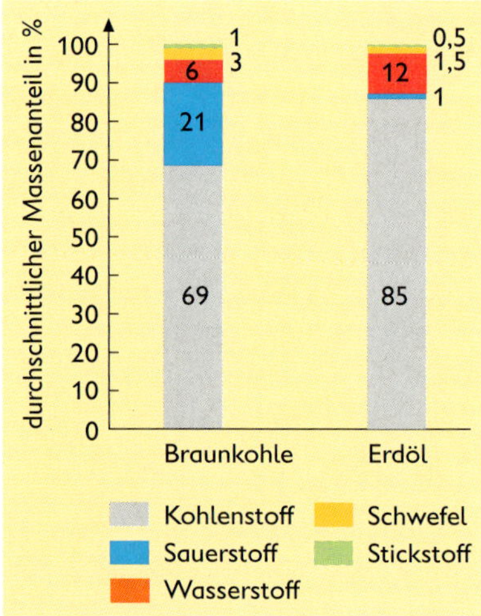

1 Zusammensetzung fossiler Energieträger

Umweltgefährdung durch Kohle und Erdöl. Bei der **Verbrennung von Kohle** entstehen neben Kohlenstoffdioxid und Wasser Schadstoffe wie Staub, Schwefeldioxid und Stickstoffoxide. Die staubförmigen Bestandteile des Rauchgases können mit Elektrofiltern bis zu mehr als 90 % abgeschieden werden. Die Stickstoffoxide werden in Entstickungsanlagen entfernt. Die Entschwefelung der Kohle ist technisch aufwendig und teuer. Eine wirksame Direktentschwefelung bei der Verbrennung ist nur bei der Wirbelschichtfeuerung möglich.
Auch der **Abbau von Kohle** im Tagebau ist insgesamt eine „staubige" Angelegenheit und führt zu starken Umweltveränderungen. Nachdem die Kohle abgebaut und der Abraum aufgeschüttet worden sind, muss das Gelände unter hohem Kostenaufwand wieder rekultiviert werden.
Umweltbelastungen durch Erdöl und Erdölprodukte gelten oft als geringer, werden aber zunehmend zu einem Problem. Durch **Unfälle bei der Erdölförderung** und beim **Transport von Erdöl** gelangen jährlich mehrere Millionen Tonnen Rohöl in die Weltmeere (Abb. 2). Der ansteigende Flug- und Autoverkehr belastet die Atmosphäre. Die **Auspuffgase der Motoren** enthalten neben ungiftigen Stoffen (Kohlenstoffdioxid, Wasser) auch giftige Stoffe (Kohlenstoffmonooxid, Stickstoffoxide) und unverbrannte Kohlenwasserstoffe (Abb. 3). Durch ein Flugzeug entstehen auf einer Strecke von 500 km je Person 130 kg Kohlenstoffdioxid, 490 g Stickstoffoxide und 62 g Schwefeldioxid.

2 Durch die Ölpest verenden jedes Jahr Hunderttausende Wasservögel. Nur 1 Liter Erdöl verseucht 5 000 000 l Wasser. Maßnahmen zum Schutz des Meeres vor Öleintrag sind festgelegt. Ihre Einhaltung ist eine internationale Aufgabe, die streng überwacht werden muss.

3 Messung des Dieselrauchs bei der Überprüfung eines Dieselfahrzeugs

AUFGABEN

1. Erdgas wird oft als „idealer Energieträger" bezeichnet. Nennen Sie Gründe für diese Feststellung.
2. Nennen Sie Verfahren der Kohle- und der Erdölveredlung. Beschreiben Sie die wesentlichen Vorgänge.
3. Kohle und Rohölfraktionen enthalten Schwefelverbindungen. Welche Probleme können dadurch entstehen?
4. Welcher Gefährdung sind Wasser und Luft durch Kohle und Erdölprodukte ausgesetzt?
5. Was versteht man unter „Ölpest"?

Im Überblick

Kohle

Stoffgemisch chemischer Verbindungen, die vor allem Kohlenstoff und Wasserstoff, aber auch Sauerstoff, Schwefel und Stickstoff enthalten, wichtiger Energieträger und Rohstoff für die chemische Industrie

Erdgas

Stoffgemisch, hauptsächlich aus Methan, Ethan, Propan und Butan bestehend, wichtiges Heizgas und Rohstoff für die chemische Industrie

Erdöl

Stoffgemisch verschiedener Kohlenwasserstoffe, bedeutender Energieträger und Rohstoff für die chemische Industrie

Bereiche der Erdölchemie

- **Fraktionierte Destillation, Raffination:** Gewinnung verschiedener Gemische von Kohlenwasserstoffen aus dem Rohöl
- **Petrochemie:** Herstellung von Chemikalien aus Erdölprodukten z. B. Ethen, Propen, Benzol

Kraftstoffe

Brennbare Stoffe, die zum Betreiben von Verbrennungsmotoren genutzt werden, z. B. Vergaserkraftstoff, Dieselkraftstoff, Kerosin

Veredlungsverfahren für Erdöl und Kohle

Veredlungsverfahren

- **Erdöl**
  - **Cracken**
  - **Reformieren**
- **Kohle**
  - **Entgasung**
  - **Vergasung**

5

Alkanole – Alkanale

Alkoholische Getränke werden seit vielen Jahrtausenden hergestellt. Diese Getränke enthalten Ethanol.
Wie können sie hergestellt werden?
Ist Alkohol gleich Ethanol?

Ethanol

Alkoholische Gärung. Für die Herstellung von Bier, Wein oder auch Branntwein werden zucker- und stärkehaltige Naturstoffe verwendet. Die Umwandlung dieser Stoffe erfolgt über einen Gärprozess. So wird zum Beispiel aus Gerste Bier, aus Trauben Wein und aus Honig Met hergestellt.
Die Vergärung zuckerhaltiger Stoffe wird als **alkoholische Gärung** bezeichnet. Der Name kommt vom Hauptprodukt, das beim Vergären zuckerhaltiger Stoffe entsteht, dem **Alkohol**. Der genaue chemische Name für diesen Alkohol ist **Ethanol**. Er gehört zu den **Alkanolen** (↗ S. 46 f.). Als Nebenprodukt entsteht Kohlenstoffdioxid. Die Gärung verläuft ohne Sauerstoffzufuhr und wird von einzelligen, kugelförmigen Hefepilzen bewirkt. In Zuckerlösungen vermehren sie sich rasch und produzieren Wirkstoffe, die sogenannten Enzyme. Diese wirken als Biokatalysatoren. Auf Äpfeln, Birnen oder Trauben sind Hefepilze vorhanden (Experiment 1).

Experiment 1
20 g Zucker, 200 ml Wasser und etwas Hefe werden in einen Kolben gegeben und dieser mit einem Gärröhrchen, gefüllt mit Kalkwasser, verschlossen. Die Apparatur wird für einige Tage an einen warmen Ort gestellt; danach wird die Füllung des Kolbens destilliert.

$$\underset{\text{Glucose}}{C_6H_{12}O_6} \xrightarrow{\text{Enzyme}} 2\ \underset{\text{Ethanol}}{C_2H_5OH} + 2\ \underset{\text{Kohlenstoffdioxid}}{CO_2}$$

Nach Ablauf der alkoholischen Gärung enthält das Produkt höchstens einen Volumenanteil φ von 15 ··· 18 % Ethanol. Die Enzyme der Hefen sind bei einem höheren Alkoholanteil nicht mehr wirksam, die Hefepilze sterben ab. Sollen „hochprozentige" alkoholische Getränke oder fast reiner Alkohol hergestellt werden, so wird das Ethanol durch Destillation aus dem Gärprodukt herausgetrennt. Dabei lässt sich der Volumenanteil an Ethanol auf etwa 96 % erhöhen. Durch Zusatz von Vergällungsmitteln (Petrolether) kann Alkohol ungenießbar gemacht und dann als Brennspiritus verkauft werden.

Bierherstellung. Bier wird in Deutschland streng nach dem Reinheitsgebot von 1516 gebraut. Danach sind als Zutaten nur Malz, Hopfen und Wasser gestattet. Die Gerstenkörner quellen 2 bis 6 Tage in Wasser und werden bei ausreichender Sauerstoffzufuhr in 7 bis 12 Tagen zum Keimen gebracht. Das so entstehende **Grünmalz** hat einen hohen Anteil an Malzzucker. Es wird aus Gründen der Haltbarkeit, des Keimungsabbruchs und der Farbgebung bei 80 ··· 105 °C getrocknet, gedarrt. Das **Darrmalz** ist haltbar und lagerfähig. Für die Bierherstellung wird das Darrmalz geschrotet und mit Wasser im Maischbottich vermischt. Die Enzyme im Malzschrot bewirken die Spaltung weiterer noch vorhandener Stärke zu Malzzucker. Danach wird die Maische geläutert. Aus geläuterter Maische und Hopfen entsteht in der Sudpfanne die **Bierwürze**, die Zucker, Aromastoffe und Eiweißstoffe enthält (Abb. 1).

Die alkoholische Gärung setzt ein, wenn der Bierwürze Hefe zugegeben wird. Dies erfolgt in großen Gärbottichen (Abb. 2) bei Temperaturen zwischen 5 ··· 10 °C. Innerhalb einer Woche entstehen aus Malzzucker Alkohol und Kohlenstoffdioxid. In Tanks gärt das Bier bei 1 ··· 3 °C etwa 3 Monate lang nach.

Wird neben dem Gerstenmalz auch Weizenmalz zum Brauen verwendet, entsteht Weizenbier.

Die Anteile der aus dem Malz gewonnenen Stoffe in der unvergorenen Würze werden durch den Stammwürzegehalt angegeben. Schankbier, wie zum Beispiel das Weißbier, hat einen Stammwürzegehalt von 9 %. Bockbier oder Porter, sogenannte Starkbiere, haben einen doppelt so hohen Stammwürzegehalt. Bier enthält je nach Sorte 4 ··· 5 % Alkohol.

Ethanol kann durch Vergärung zuckerhaltiger Naturstoffe entstehen. Ethanol ist in alkoholischen Getränken enthalten.

1

Sudpfanne zum Kochen von Bierwürze mit Hopfen

2

Gärbottich zur Bierherstellung

AUFGABEN

1. Welche Bedeutung hat der Aufdruck „45 % vol“ auf Etiketten von Spirituosenflaschen?
2. Wie kann man Gärungen verhindern?
3. Bei der alkoholischen Gärung entsteht ein Gas.
   a) Welches Gas bildet sich?
   b) Entwickeln Sie eine Experimentieranordnung zum Nachweis des Gases.
4. Durch welches Verfahren kann Ethanol von Wasser getrennt werden? Begründen Sie die Aussage!

Physiologische Wirkung. Alkoholische Getränke wirken sofort, denn der enthaltene Alkohol (Ethanol) geht direkt ins Blut über. Schon nach 30 Minuten ist der größte Teil des Alkohols vom Blut aufgenommen und wird im ganzen Körper verteilt. Geringe Mengen alkoholischer Getränke können anregend, enthemmend und für sehr kurze Zeit auch leistungssteigernd wirken. In welcher Weise sie wirken, ist von verschiedenen Faktoren wie Körpergewicht, Körperverfassung und von der Gewöhnung an Alkohol abhängig. Schon geringer Alkoholkonsum führt zu Sorglosigkeit, Gleichgültigkeit und Überschätzung der eigenen Kräfte. Alkohol stört die Funktion der Nervenzellen, da er sich in den fetthaltigen Nervenzellen gut löst. Die Folge sind vermindertes logisches Denken, verringerte Gedächtnisleistungen und geringe Konzentrationsfähigkeit.
Streng genommen ist Alkohol ein Gift. Übermäßiger und ständiger Konsum von Alkohol führt zum Absterben der Hirnzellen und zu schwerwiegenden Schädigungen der inneren Organe. Bei einem Jugendlichen bewirken schon 40 ml Alkohol je Tag nicht wieder reparable Organschädigungen.
Alkohol wird im Körper nur langsam abgebaut (Abb. 1). Mit den Angaben in Abbildung 2 und der Berechnung nach Abbildung 1 kann ermittelt werden, wie hoch der Massenanteil an Alkohol im Blut nach Beendigung des Alkoholkonsums ist.

Alkoholwirkung
1,0 Promille – wohlige Enthemmung
1 ··· 2 Promille – Rausch
2 ··· 3 Promille – Betäubung
3 ··· 5 Promille – Lähmung

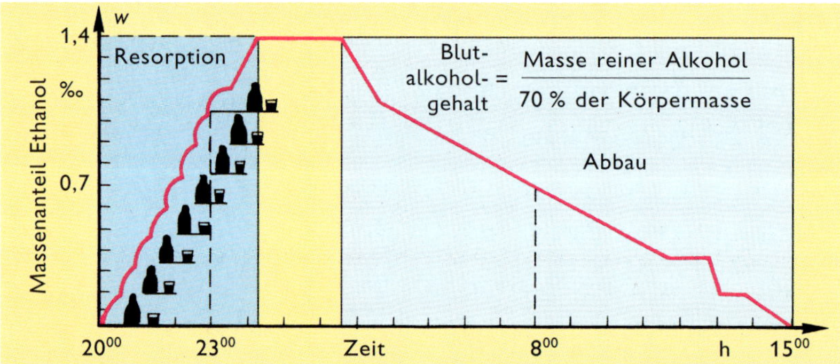

1

2

Alkoholische Getränke enthalten unterschiedliche Volumenanteile reinen Alkohols.

„Alkohol am Steuer" gefährdet das eigene Leben und das von anderen Menschen. Allein ein Viertel der im Straßenverkehr Getöteten sind Opfer alkoholbedingter Verkehrsdelikte. Auch wenn in einigen Ländern die Grenze der Fahrtüchtigkeit bei 0,5 Promille festgelegt wurde, wissen viele Autofahrer nicht, dass diese Grenze nur für sogenannte „folgenlose Fahrten" gilt. Folgenlos heißt in diesem Fall kein Unfall, aber auch keine Fahrunsicherheit, wie zum Beispiel Schlangenlinie fahren. Bei Unfall oder Fahrfehlern ist schon ab 0,3 Promille eine strafrechtliche Verurteilung möglich! Bei Verdacht auf „Alkohol am Steuer" werden Kontrollen mithilfe von Alcotestprüfgeräten (Abb. 3) durchgeführt. Dabei wird der Alkoholanteil in der ausgeatmeten Luft bestimmt.

3

Ethanol wirkt im menschlichen und tierischen Organismus als Nervengift.

Struktur des Ethanolmoleküls. Bei der Verbrennung von Ethanol entstehen Wasser und Kohlenstoffdioxid. Das lässt auf das Vorhandensein der Elemente Kohlenstoff und Wasserstoff schließen. Ethanol reagiert mit Magnesium zu Magnesiumoxid (Experiment 2). Ethanol muss daher auch Sauerstoff enthalten. Die Summenformel des Ethanols lautet C_2H_6O.
Das mit dem Sauerstoffatom verbundene Wasserstoffatom ist sehr reaktionsfähig. Um dies hervorzuheben, schreibt man die Formel C_2H_5OH. Die OH-Gruppe wird als **Hydroxylgruppe** bezeichnet (Abb. 4).

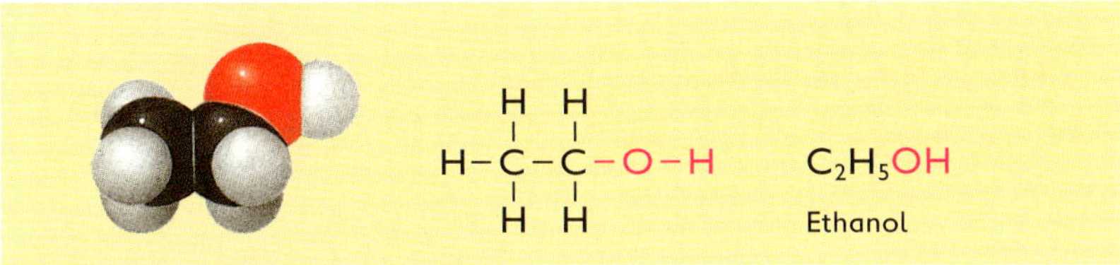

4 Räumliches Modell und Formeln des Ethanolmoleküls

Die Hydroxylgruppe der Moleküle des Ethanols bestimmt seine Eigenschaften. Sie wird deshalb als **funktionelle Gruppe** bezeichnet.

Die Hydroxylgruppe ist das charakteristische Strukturmerkmal des Ethanolmoleküls.

Eigenschaften. Ethanol ist bei 20 °C flüssig, brennbar und in Wasser löslich.

$$C_2H_5OH + 3\ O_2 \longrightarrow 2\ CO_2 + 3\ H_2O$$

Wässrige Ethanollösung leitet den elektrischen Strom nicht (Experiment 3). Die Hydroxylgruppe ist durch eine Atombindung an eines der Kohlenstoffatome gebunden. Diese Atombindung wird durch die Reaktion mit Wasser nicht gespalten (Experiment 4). Ethanol reagiert im Unterschied zu Kohlenwasserstoffen mit Natrium (Experiment 5). Es bildet sich Wasserstoff, da in den Ethanolmolekülen das Wasserstoffatom der Hydroxylgruppe gegen ein Natriumatom ausgetauscht wird.

$$2\ Na + 2\ C_2H_5OH \longrightarrow 2\ C_2H_5ONa + H_2$$

Verwendung. Für die chemische Industrie ist Ethanol ein wichtiger Ausgangsstoff. Aus Ethanol werden viele andere chemische Verbindungen hergestellt.

Verwendung von Ethanol	Beispiel
in Pharmazeutika	Hustensaft, Pflegesalben
in Haushaltsprodukten	Möbelpolitur, Brennspiritus
als Genussmittel	Bier, Wein, Pralinen
in der Industrie	Lösungsmittel, Kraftstoff
in Kosmetika	Parfüm, Erfrischungstücher

Experiment 2
Nachweis von Sauerstoff in Ethanol

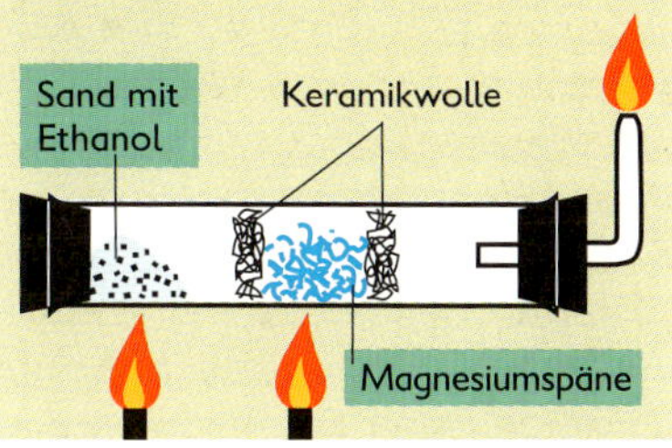

Experiment 3
Ethanol (F), Petroleumbenzin (F) und Wasser werden auf elektrische Leitfähigkeit geprüft.

Experiment 4
5%ige Natriumhydroxidlösung (C) und Ethanollösung (F) werden mit Universalindikator geprüft.

Experiment 5 **L**
Vorsicht!
Eine kleine Probe Natrium (F, C) wird in einige Milliliter 95%iges Ethanol (F) gegeben. Das gasförmige Reaktionsprodukt (F+) wird nachgewiesen.

AUFGABEN

1. Entwickeln Sie die Reaktionsgleichung für die vollständige Verbrennung von Ethanol.
2. Warum reagiert Ethanol im Gegensatz zu Ethan mit Natrium?
3. Entwickeln Sie eine Tabelle, mit der die Eigenschaften von Ethan und Ethanol gegenübergestellt und verglichen werden können.
4. Welche Ursachen führen dazu, dass Alkohol für eine Vielzahl von Mitmenschen zur Droge wird?
5. Ethanol ist ein wichtiger Grundstoff für die Industrie. Begründen Sie diese Aussage!

Weitere Alkanole

Bau und Eigenschaften von Methanol. Methanol CH_3OH gehört wie Ethanol zu den **Alkanolen**. Es besitzt eine Hydroxylgruppe im Molekül (Abb. 1).
Mit Wasser und Ethanol lässt sich Methanol beliebig mischen. In vielen Eigenschaften unterscheidet es sich kaum von Ethanol. Auf Grund der Giftigkeit von Methanol kann die Verwechslung beider Stoffe für den Menschen tödliche Folgen haben. Schon 20 ··· 50 ml Methanol wirken tödlich. Erblindung und Hirnschädigungen treten schon bei einer Einnahme von nur 5 ··· 10 ml auf. Nach der Einnahme von Methanol zeigt sich zunächst eine ähnliche Wirkung wie bei Alkoholgenuss. Erst nach etwa 20 Stunden setzt die Giftwirkung ein. Bei Aufnahme von Methanol über die Haut wird der Organismus ebenfalls geschädigt.
Reines Methanol brennt mit blauer Flamme. Durch die Reaktion mit Borsäure ist es möglich, Methanol und Ethanol zu unterscheiden. Nach Zugabe von Borsäure brennt Methanol mit grüner Flamme, die Ethanolflamme hat höchstens einen grünen Saum (Experiment 6).

Methanol besitzt eine Hydroxylgruppe im Molekül und gehört zu den Alkanolen.

Vorkommen und Verwendung von Methanol. Methanol kommt als reiner Stoff in Baumwollpflanzen und in verschiedenen Gräsern vor. Spuren findet man auch in etherischen Ölen.
Verwendet wird Methanol als Lösemittel, zur Reinigung von Synthesegasen, für die Herstellung von Lacken und Firnissen und als Kälteübertragungsmittel. Methanol ist mit Einschränkung zugelassen für die Herstellung von Kosmetika.
Die bei der Verbrennung von Methanol frei werdende Energie wurde in Versuchen zum Betreiben von Kraftfahrzeugen verwendet. Bei Methanol-Benzin-Gemischen ist von Vorteil, dass Methanol kostengünstig und in den notwendigen Mengen produziert werden kann. Ein anderer wesentlicher Faktor für die Erprobung war, dass die Verbrennung von Methanol-Luft-Gemischen im Motor weniger umweltschädigend ist als die von Benzin-Luft-Gemischen. Durch die Entwicklung des 3-Wege-Katalysators ist die Verbrennung von Benzin-Luft-Gemischen heute ebenfalls weniger umweltschädigend. Als möglicher Energieträger der Zukunft befindet sich Methanol als Wasserstoffquelle für Brennstoffzellen in der Erprobung.

Herstellung von Methanol. Bis 1923 wurde Methanol durch trockene Destillation von Holz hergestellt. Dabei entsteht neben Holzkohle, Holzgas und anderen Stoffen auch eine als Holzgeist bezeichnete Flüssigkeit. *Robert Boyle* entdeckte um 1660 darin das Methanol. Nach 1923 gelang es, Methanol synthetisch herzustellen. Die Ausgangsstoffe sind Kohlenstoffmonooxid und Wasserstoff. Die Herstellung von Methanol wird als Methanolsynthese (Abb. 2) bezeichnet.

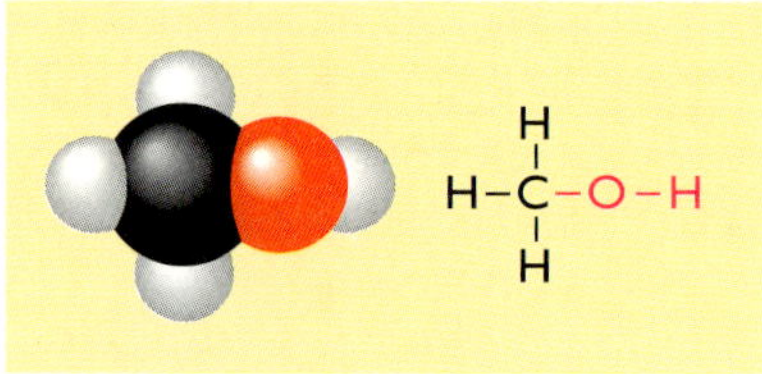

1
Modell und Strukturformel eines Methanolmoleküls

Experiment 6 **L**
In jeweils eine Porzellanschale wird zu je 5 ml Methanol (F, T) und Ethanol (F) eine Spatelspitze Borsäure gegeben. Die Proben werden entzündet.

Experiment 7 **L**
Die Löslichkeit von Methanol (F, T) und Ethanol (F) in Wasser und Petroleumbenzin (F) wird geprüft.

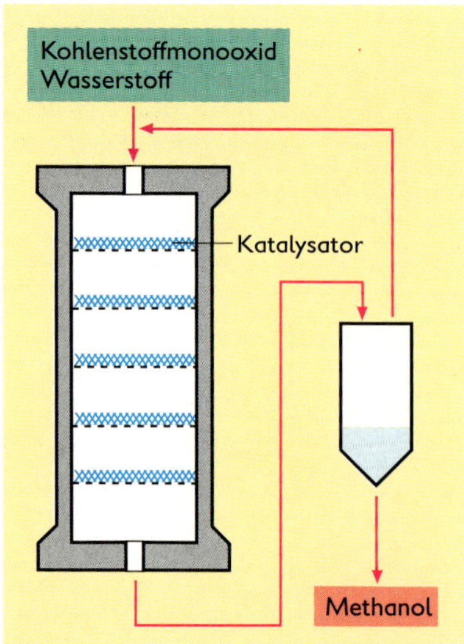

2
Anlage zur Methanolsynthese

Homologe Reihe. Propanol, Butanol und Pentanol sind weitere organische Stoffe, die eine Hydroxylgruppe in ihren Molekülen aufweisen. Sie lassen sich wie Methanol und Ethanol von den Alkanen ableiten und gehören auch zur Stoffgruppe der **Alkanole.**
Die Hydroxylgruppe ist bei den Alkanolen an einen Alkylrest gebunden. Alkylreste sind Molekülreste von Alkanmolekülen. Sie unterscheiden sich von diesen durch ein Wasserstoffatom.
Alkanole bilden eine homologe Reihe, deren benachbarte Glieder sich jeweils durch eine CH_2-Gruppe unterscheiden (Tabelle).

Alkanole sind gesättigte organische Stoffe, deren kettenförmige Moleküle eine Hydroxylgruppe enthalten. Alkanole bilden eine homologe Reihe. Die allgemeine Formel der Alkanole lautet $C_nH_{2n+1}OH$. Die Hydroxylgruppe ist die funktionelle Gruppe aller Alkanolmoleküle.

Alkanole

Strukturformel	Verkürzte Strukturformel
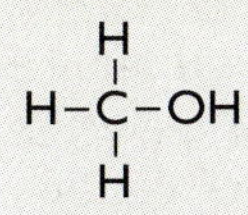 Methanol	CH_3OH
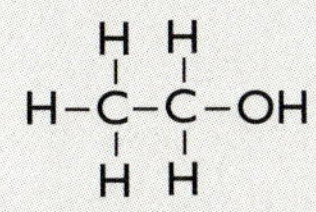 Ethanol	C_2H_5OH
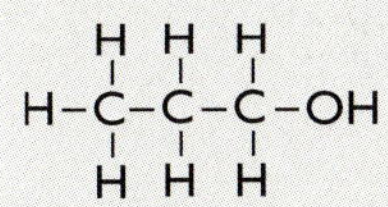 1-Propanol	C_3H_7OH

Zusammenhang zwischen Struktur und Eigenschaften bei Alkanolen. Die Eigenschaften der Alkanole werden durch die Alkylgruppe und durch die Hydroxylgruppe bestimmt. Die unterschiedliche Kettenlänge der Moleküle bedingt unterschiedliche physikalische Eigenschaften (Tabelle).

Physikalische Eigenschaften von Alkanolen

Stoff	Siedetemperatur in °C	Schmelztemperatur in °C	Dichte in g/cm³
Methanol	64,5	−97,7	0,787
Ethanol	78,3	−114,1	0,785
2-Propanol	82,3	−88,5	0,781
1-Dodecanol	258	23,8	0,8234
1-Hexadecanol	340	50 ··· 51	0,8042

Experiment 8
Ethanol (F), 1-Propanol (F, Xi) und 1-Pentanol (Xn) werden auf Löslichkeit in Petroleumbenzin (F) und Wasser geprüft.
Jeweils 5 ml des Lösemittels werden im Reagenzglas vorgelegt und die Stoffproben werden unter Schütteln tropfenweise zugegeben.

Die ersten Kettenglieder der homologen Reihe sind leicht bewegliche, farblose Flüssigkeiten mit schwachem Geruch. Die mittleren Kettenglieder sind mehr ölig und besitzen meist einen unangenehmen Geruch. Höhere Alkanole sind fest, wachsartig, geruchlos und geschmacksfrei.
Die Löslichkeit der Alkanole in Wasser nimmt mit steigender Kettenlänge stark ab (Experiment 8). Die Anfangsglieder der homologen Reihe der Alkanole sind mit Wasser in jedem Verhältnis mischbar.
Alkanole reagieren mit Natrium. Die Reaktionsgeschwindigkeit der chemischen Reaktionen verschiedener Alkanole mit Natrium unterscheiden sich deutlich voneinander. Die Reaktionsgeschwindigkeit wird durch die Kettenlänge der Moleküle beeinflusst.

Die Eigenschaften der Alkanole werden durch die funktionelle Gruppe und die Kettenlänge der Moleküle bestimmt.

AUFGABEN

1. Ethanol und Heptanol werden mit Natrium zur Reaktion gebracht. Leiten Sie eine Aussage zur Reaktionsgeschwindigkeit ab und begründen Sie.
2. Stellen Sie Eigenschaften von Methanol und Ethanol in einer Tabelle gegenüber.
3. Entwickeln Sie die Strukturformel für 1-Butanol und 2-Propanol.
4. Warum wird Methanol als Kraftstoff erprobt?

Glycerin und Ethylenglykol

Organische Stoffe, deren Moleküle mehrere Hydroxylgruppen enthalten, sind Glycerin und Ethylenglykol. Anhand der systematischen Namen Propantriol und Ethandiol ist zu erkennen, dass diese Stoffe vom Propan bzw. Ethan abgeleitet sind und drei bzw. zwei Hydroxylgruppen im Molekül enthalten (Abb. 1). Beide gehören wie die Alkanole zu den **Alkoholen**. Die Siedetemperatur der beiden Verbindungen ist sehr hoch: ϑ_V (Glycerin) = 290 °C, ϑ_V (Ethylenglykol) = 198 °C.

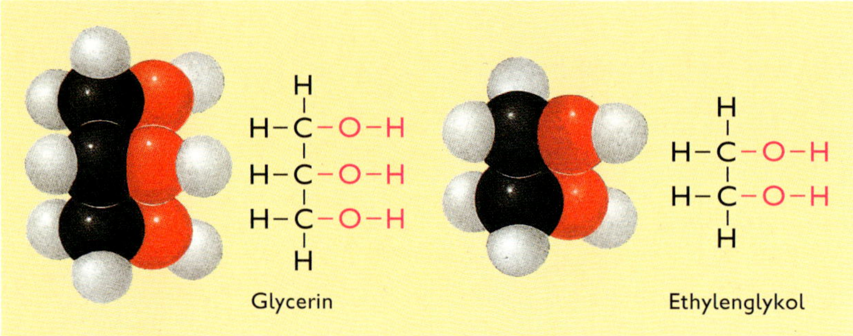

1

Räumliches Modell und Strukturformel für ein Glycerin- und ein Ethylenglykolmolekül

Experiment 9
Glycerin wird auf Löslichkeit in Wasser und in Petroleumbenzin (F) sowie auf Brennbarkeit geprüft.

Experiment 10
Zu 2%iger Silbernitratlösung werden einige Tropfen 25%ige Ammoniaklösung (C) gegeben, bis sich der zuerst gebildete Niederschlag auflöst. Glycerin wird hinzugegeben und vorsichtig erwärmt.

Experiment 11
Das Experiment 10 wird mit Ethanol (F) wiederholt. Die 2%ige Silbernitratlösung wird nach dem Ammoniakzusatz (C) mit 20%iger Natronlauge (C) versetzt, bis eine alkalische Lösung vorliegt.

Glycerin (Glycerol) ist eine ölige, ungiftige Flüssigkeit mit süßem Geschmack. Sie kommt gebunden in pflanzlichen und tierischen Fetten vor. Es ist hygroskopisch (wasseranziehend), mit Wasser sowie Ethanol in jedem Verhältnis mischbar und unlöslich in Benzin (Experiment 9).
Weil Glycerin hygroskopisch ist, wird es zum Feuchthalten von Druck- und Stempelfarben sowie als Hautpflegemittel verwendet. In der Industrie wird Glycerin u. a. zur Herstellung von Sprengstoffen (Dynamit) benötigt.
Ethylenglykol (Glykol) ist eine farblose, viskose Flüssigkeit von süßem Geschmack. Es ist mischbar mit Wasser und Ethanol. Die Verbindung wirkt toxisch und wird deshalb nicht in der kosmetischen Industrie und in der Lebensmittelindustrie verwendet. Für die Herstellung von Kunststoffen, als Frostschutzmittel und als Enteisungsmittel (Abb. 3) findet sie jedoch Anwendung.
Bei der Reaktion von Glycerin mit unverzweigten gesättigten oder ungesättigten Carbonsäuren entstehen Glycerinester (Fette, ↗ S. 61 f.).
Die Anzahl funktioneller Gruppen der Alkanole bestimmt die Reaktionsfähigkeit der Stoffe. Je mehr Hydroxylgruppen im Molekül gebunden sind, desto stärker wirkt der Stoff reduzierend (Experimente 10 und 11).
Sorbit (Hexanhexol), ein Alkohol mit 6 Hydroxylgruppen im Molekül, wird als Diabetiker-Süßstoff (Abb. 2) und zur Herstellung von Vitamin C verwendet.

2

Diabetiker-Süßstoff Sorbit

3

Enteisen eines Flugzeugs in einer Enteisungsanlage mit einem Glykol-Wasser-Gemisch. Auf modernen Flughäfen wird das Enteisungsmittel recycelt.

Glycerin und Ethylenglykol sind organische Stoffe, bei denen mehrere Hydroxylgruppen im Molekül gebunden sind. Sie gehören zu den Alkoholen.

Alkanale

Methanal. Methanal kann durch Oxidation von Methanol am Kupferkatalysator dargestellt werden. Methanal wird auch als Formaldehyd bezeichnet.
Wird Methanol über glühendes Kupfer geleitet, so findet eine **Dehydrierung** des Methanols statt. Kupfer wirkt bei dieser Reaktion als Katalysator (Experiment 12). Aus einem Alkanol entsteht ein Alkanal, indem Wasserstoff eliminiert wird.

Methanol Methanal

Im Vergleich zum Methanolmolekül enthält das Methanalmolekül zwei Wasserstoffatome weniger. Das Sauerstoffatom ist durch Doppelbindung an das Kohlenstoffatom gebunden. Bei der Dehydrierung von Methanol werden zwei Wasserstoffatome des Moleküls aus der Atomgruppe $-CH_2-OH$ abgespalten. Es entsteht die Atomgruppe **$-C(=O)-H$**, die **Aldehydgruppe** (Abb. 4).

Methanal ist ein farbloses, stechend riechendes Gas. Es reizt die Schleimhäute, ist wasserlöslich und giftig. Die wässrige Lösung (Formalin) wird als Desinfektionsmittel verwendet. Da Methanal Eiweiß härtet, dient Formalin als Konservierungsmittel für biologische Präparate (↗ Abb. 2, S. 50).
In der Kunststoffindustrie wird Methanal zur Herstellung von Phenoplasten eingesetzt. Bei der Holzverarbeitung dient es als Bindemittel. Weiterhin findet es Anwendung bei der Herstellung von Lacken, Lösemitteln, Arzneimitteln und Waschmitteln. In Verbindung mit Harnstoff dient es zum Verbessern von Humusböden.
Seit 1984 besteht nach Tierversuchsergebnissen der Verdacht, dass Methanal krebserzeugend wirken kann. Die maximale Arbeitsplatzkonzentration MAK für 8 Stunden darf deshalb nur 1 ppm, das entspricht 1,25 mg Methanal je Kubikmeter Luft, betragen. In Wohnräumen sollte maximal nur 0,1 ppm vorhanden sein.

Experiment 12 L
Vorsicht!
Ein erhitztes Kupferdrahtnetz wird mehrmals in ein mit 10 ml Ethanol (F) gefülltes Becherglas getaucht.

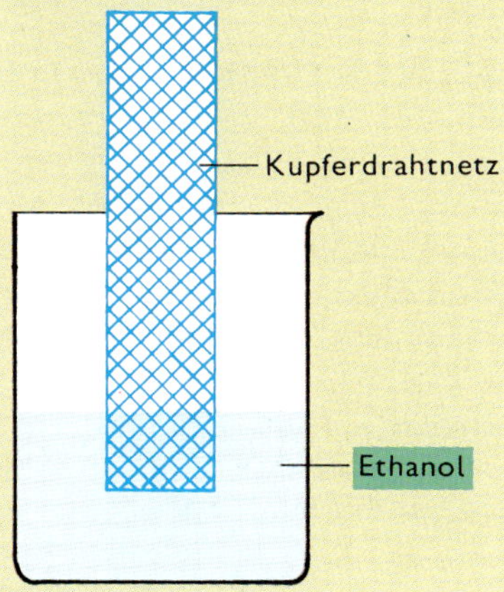

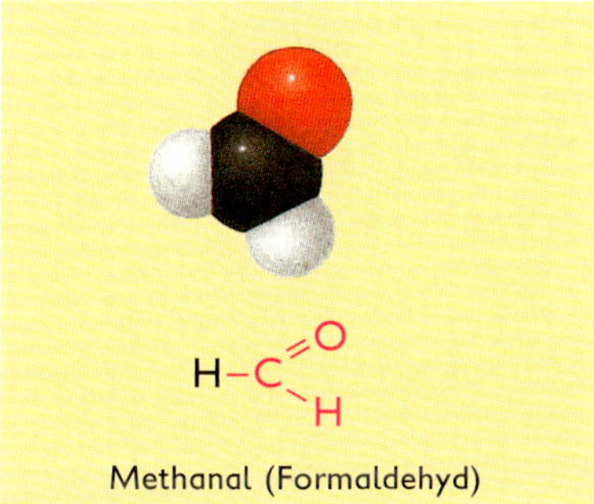

4
Modell und Strukturformel eines Methanalmoleküls

AUFGABEN

1. Begründen Sie folgende Aussagen:
   a) Ethanol ist ein Alkohol und Alkanol,
   b) Glycerin ist ein Alkohol, aber kein Alkanol.
2. Erläutern Sie den Zusammenhang zwischen Eigenschaften und Verwendung von Glycerin.
3. Warum werden flüssige Alkanole zur gefahrlosen Beseitigung kleiner Reste von Natrium im Labor verwendet?
4. Welche Eigenschaften der Alkanole lassen sich von der Hydroxylgruppe im Molekül ableiten?
5. Vergleichen Sie die Löslichkeit von Propan, Propanol und Glycerin in Wasser. Nennen Sie Ursachen für die Gemeinsamkeit und Unterschiede.
6. Vergleichen Sie Methanol und Methanal!
7. Erläutern Sie den Zusammenhang zwischen Siedetemperatur der Stoffe und Struktur der Moleküle bei a) Alkanen, b) Alkanolen.
8. Wie kann man Methanol- und Methanallösungen unterscheiden?
   Geben Sie Reaktionen der Stoffe an!

Ethanal. Ethanol kann auf die gleiche Weise wie Methanol dehydriert werden (↗ Experiment 12, S. 49). Als Reaktionsprodukt entsteht Ethanal, auch Acetaldehyd genannt (Abb. 1).

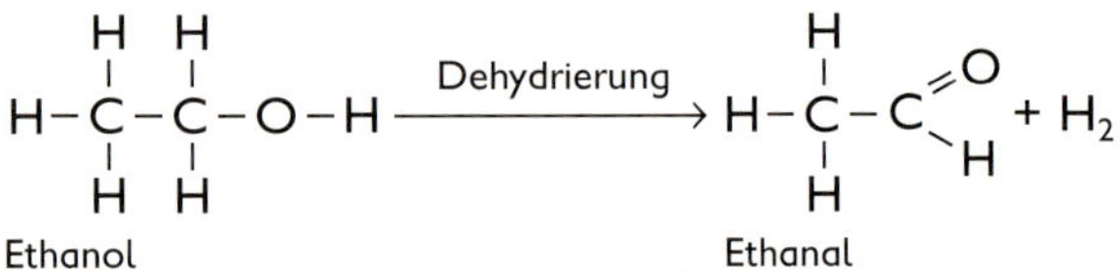

Ethanal (Acetaldehyd) ist ein farbloser, giftiger und stechend riechender Stoff. Er ist wasserlöslich und siedet bei 20 °C. Im menschlichen Organismus erfolgt die Oxidation von genossenem Ethanol über das giftige Ethanal in der Leber. Ethanal ist ein Zwischenprodukt bei der Herstellung von Ethanol aus Ethin und von Ethansäure aus Ethanol. Es wird zur Herstellung von Farbstoffen, Arzneimitteln und synthetischem Kautschuk verwendet.

Alkanale. Methanal und Ethanal sind die systematischen Namen von Formaldehyd und Acetaldehyd. Sie gehören zur Gruppe der **Alkanale.** Die Endung „al" kennzeichnet die Aldehydgruppe im Molekül. Die Alkanale gehören zu den **Aldehyden**. Alkanale lassen sich durch Rotfärbung von fuchsinschwefliger Säure nachweisen (Experiment 13). Viele Alkanale werden bereits beim Stehenlassen an der Luft oxidiert und es entstehen Alkansäuren.
Durch die Reaktion mit Silbernitratlösung und die Reaktion mit *fehling*scher Lösung kann die reduzierende Wirkung der Aldehydgruppe nachgewiesen werden. Beim Erhitzen von *fehling*scher Lösung mit Ethanal verschwindet schnell die tiefblaue Färbung und ein ziegelroter Niederschlag wird sichtbar (Experiment 14). Bei der Reaktion von Alkanalen mit Silbernitratlösung bildet sich im Reagenzglas ein glänzender Silberspiegel (Experiment 15, Abb. 3).

2
Konservierung mit Formalin

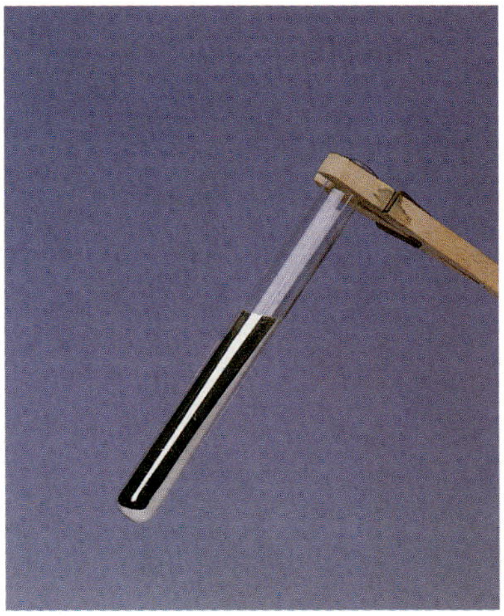
3
Silberspiegelprobe

Alkanale sind organische Stoffe, die eine Aldehydgruppe im Molekül enthalten.

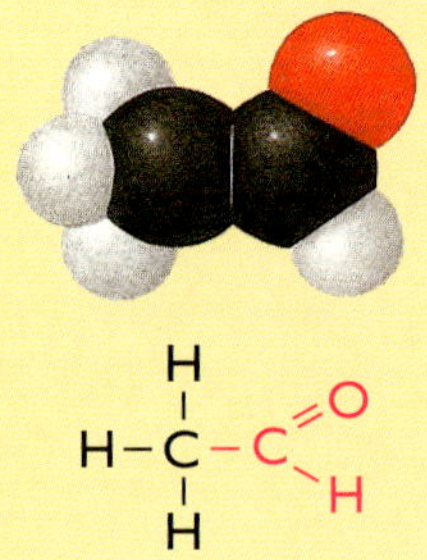
Ethanal (Acetaldehyd)
1
Modell und Strukturformel eines Ethanalmoleküls

Experiment 13 **L**
Zu einer 20%igen Ethanallösung (Xn) werden einige Tropfen fuchsinschweflige Säure (*Schiff*-Reagens) gegeben.

Experiment 14 **L**
*Fehling*sche Lösung I und II (C) werden vermischt und einige Tropfen 20%ige Ethanallösung (Xn) werden hinzugegeben. Anschließend wird erhitzt.

Experiment 15 **L**
3 ml 2%ige Silbernitratlösung werden mit einer 25 %igen Ammoniaklösung (C) versetzt, bis eine klare Lösung entsteht. Danach wird 1 ml 20%ige Ethanallösung (Xn) hinzugegeben und vorsichtig ohne zu schütteln erwärmt.

Vergleich der Moleküle von Ethanal und Ethanol

Strukturformel des Moleküls	Typische Strukturmerkmale
Ethanalmolekül 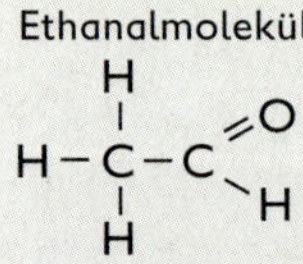	Aldehydgruppe 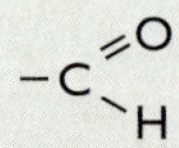
Ethanolmolekül 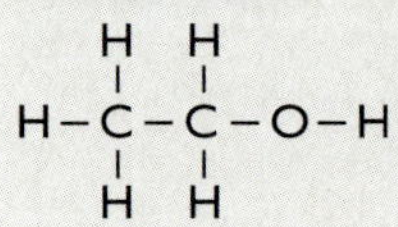	Hydroxylgruppe $-O-H$

Im Überblick

Alkanole

Organische Stoffe, die eine Hydroxylgruppe –OH im Molekül besitzen und von den Alkanen abgeleitet sind.
Alkanole gehören zu den Alkoholen.

Alkanale

Organische Stoffe, die eine Aldehydgruppe $-C\begin{smallmatrix}=O\\ \backslash H\end{smallmatrix}$ im Molekül besitzen und von den Alkanen abgeleitet sind.
Alkanale gehören zu den Aldehyden.

Alkanole und Alkanale im Vergleich

Organische Stoffe mit dem Element Sauerstoff	**Alkanole** (Alkohole)		**Alkanale** (Aldehyde)	
Wichtige Vertreter	Methanol	Ethanol	Methanal	Ethanal
Strukturmerkmal des Moleküls	eine Hydroxylgruppe kettenförmig		eine Aldehydgruppe kettenförmig	
Funktionelle Gruppe	–OH		$-C\begin{smallmatrix}=O\\ \backslash H\end{smallmatrix}$	
Verkürzte Strukturformel	CH_3-OH	CH_3-CH_2-OH	$H-CHO$	CH_3-CHO
Eigenschaften und Nachweis	Reaktion mit Borsäure	Reaktion mit Natrium	reduzierende Wirkung Reaktion mit *fehling*scher Lösung Reaktion mit Silbernitratlösung Reaktion mit fuchsinschwefliger Säure	
Verwendungsbeispiele	Kraftstoff Lösungsmittel Lacke	Hustensaft Pralinen Bier, Wein Kraftstoff Lösungsmittel Brennspiritus Parfüm	Lacke Lösungsmittel Desinfektionsmittel Waschmittel Kunststoffe	Kunstharze Arzneimittel Farbstoffe synthetischer Kautschuk

Reaktionen von Alkanolen

Oxidation

$$C_2H_5OH + 3\,O_2 \longrightarrow 2\,CO_2 + 3\,H_2O$$

Reaktion mit Natrium

$$2\,Na + 2\,C_2H_5OH \longrightarrow 2\,C_2H_5ONa + H_2$$

Dehydrierung

$$CH_3-OH \longrightarrow H-CHO + H_2$$

6

Alkansäuren

Wer denkt schon beim Verzehren eines Salates, beim Trinken einer heißen Zitrone oder nach Berührung von Brennnesselhaaren an Alkansäuren! Welche Rolle spielen diese Verbindungen in unserem Leben?

Essigsäure

Aus Wein wird Essig. Wein, der längere Zeit offen steht, riecht unangenehm und schmeckt sauer. Dieser Wein ist zu Essig geworden, hervorgerufen durch Anwesenheit von Essigbakterien. Sie bilden Enzyme, die das Ethanol des Weines katalytisch mit dem Sauerstoff der Luft zu Essigsäure oxidieren.

$$\underset{\text{Ethanol}}{CH_3{-}CH_2OH} + O_2 \xrightarrow{\text{Enzyme}} \underset{\text{Essigsäure}}{CH_3{-}COOH} + H_2O$$

Schon im Altertum wurde Essigsäure durch Vergärung von Alkohol hergestellt. Heute führt man die Reaktion zur Herstellung von Essigsäure als **Schnellessigverfahren** durch. Dabei werden ethanolhaltige Flüssigkeiten wie Wein über mit Essigbakterien geimpfte Buchenholzspäne gerieselt; von unten strömt Luft entgegen (Abb. 1). Bei einem anderen Verfahren wird in Gärbottichen Schaum erzeugt, der auf seiner Oberfläche noch mehr Essigbakterien aufnehmen kann als Buchenholzspäne.

Der bei diesen Verfahren hergestellte Essig hat einen Volumenanteil an Essigsäure von φ < 15,5 %. Essigsäure höherer Konzentration wird durch katalytische Oxidation von Ethanal (Experiment 1) gewonnen.

$$2\ \underset{\text{Ethanal}}{CH_3{-}CHO} + O_2 \xrightarrow{\text{Katalysator}} 2\ \underset{\text{Essigsäure}}{CH_3{-}COOH}$$

Essigsäure wird industriell durch enzymatische Oxidation aus Ethanol oder durch katalytische Oxidation von Ethanal hergestellt.

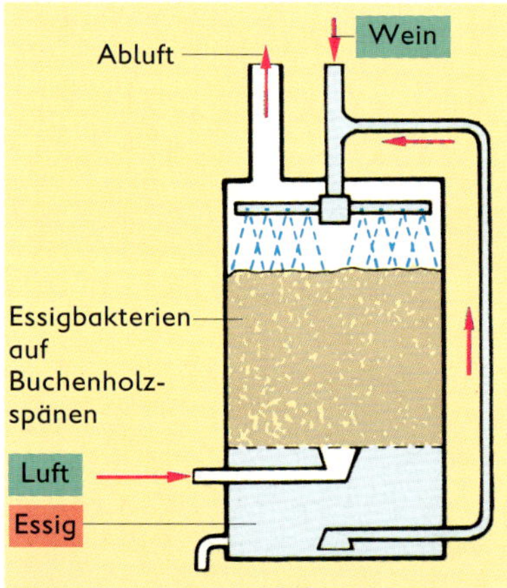

1

Experiment 1 L

Eine glühende Kupferspirale wird in 30%ige Ethanallösung (Xn) getaucht.

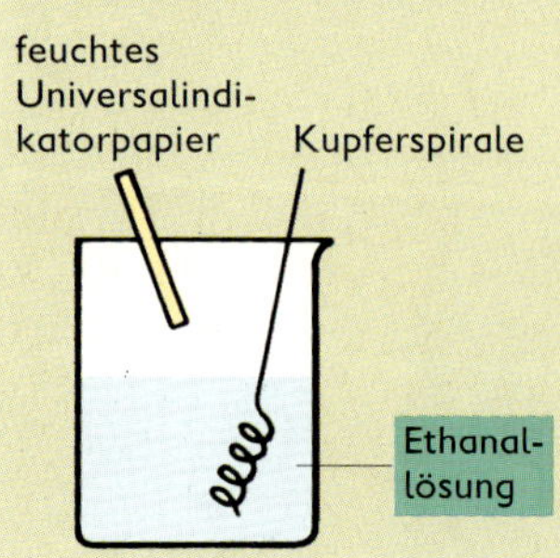

Bau des Essigsäuremoleküls. Essigsäure enthält zwei Kohlenstoffatome im Molekül. Das erste Kohlenstoffatom bildet mit den beiden Sauerstoffatomen und einem Wasserstoffatom die funktionelle Gruppe der Essigsäure. Die Atomgruppe $-C\begin{smallmatrix}\diagup\!\!\!= O\\ \diagdown OH\end{smallmatrix}$ wird als **Carboxylgruppe** bezeichnet. Sie bestimmt die charakteristischen Eigenschaften der Säure. Da die Essigsäure zwei Kohlenstoffatome im Molekül besitzt, wird sie auch als **Ethansäure** bezeichnet.

Eigenschaften der Essigsäure. Reine Essigsäure ist eine farblose, stark ätzende und stechend riechende Flüssigkeit, die bei 118,5 °C siedet und bereits unter 17 °C zu festen, eisähnlichen Kristallen erstarrt. Diese Form der Essigsäure wird deshalb als **Eisessig** bezeichnet.
Verdünnte Essigsäure riecht ebenfalls stechend und schmeckt sauer. Sie leitet im Unterschied zu reiner Essigsäure den elektrischen Strom und ist sauer (Experiment 2). Diese Eigenschaften werden durch die Ionen in der Lösung hervorgerufen.

$$CH_3-COOH \longrightarrow H^+ + \underset{\text{Acetat-Ion}}{CH_3-COO^-}$$

Verdünnte Essigsäure reagiert wie andere verdünnte Säuren mit unedlen Metallen (Experiment 3), Metalloxiden und Hydroxidlösungen zu Salzlösungen. Die Reaktion von verdünnter Essigsäure mit Natronlauge ist eine Neutralisation (Experiment 4).

$$2\,CH_3-COOH + Zn \longrightarrow \underset{\text{Zinkacetat}}{(CH_3-COO)_2Zn} + H_2$$

$$2\,CH_3-COOH + CuO \longrightarrow \underset{\text{Kupferacetat}}{(CH_3-COO)_2Cu} + H_2O$$

$$CH_3-COOH + NaOH \longrightarrow \underset{\text{Natriumacetat}}{CH_3-COONa} + H_2O$$

Die Salze der Essigsäure heißen **Acetate**. Viele Acetate sind leicht wasserlöslich und sehr giftig. Deshalb sollten mit Essig zubereitete Salate nicht in Zink- oder Kupfergefäßen serviert oder aufbewahrt werden. Sonst können sich gesundheitsschädigende Zink- beziehungsweise Kupferacetatlösungen bilden.

Verdünnte Essigsäure ist sauer und leitet den elektrischen Strom. Die Salze der Essigsäure heißen Acetate.

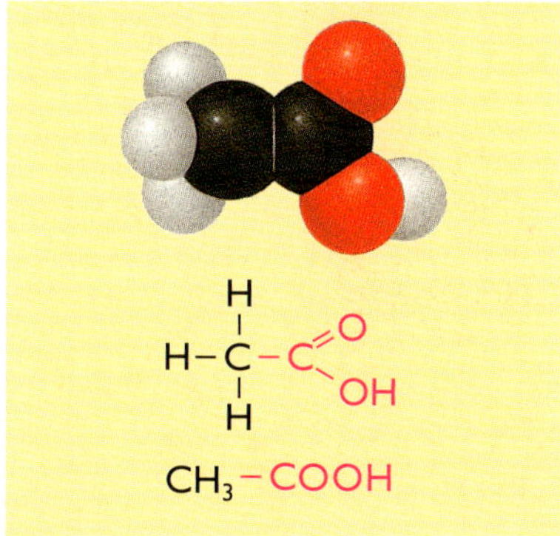

2
Modell und Strukturformeln eines Essigsäuremoleküls

Experiment 2
Prüfen Sie 10%ige Essigsäure (Xi) auf elektrische Leitfähigkeit und mit Universalindikatorlösung.

Experiment 3
Versetzen Sie unedle Metalle (z. B. Zink) mit 10%iger Essigsäure (Xi). Prüfen Sie das entstehende Gas (F+) auf Brennbarkeit.

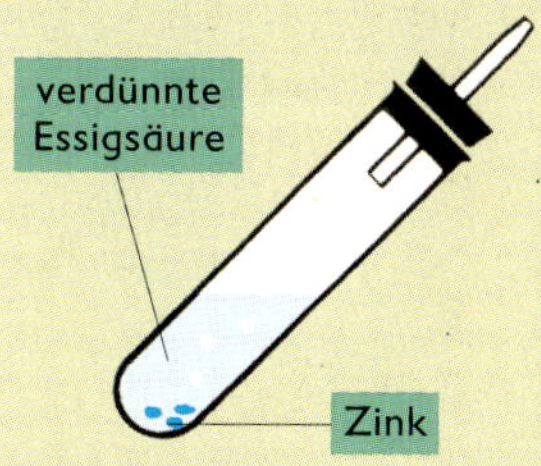

Experiment 4
Versetzen Sie in einem Becherglas 10 ml 10%ige Essigsäure (Xi) mit einigen Tropfen Lackmuslösung. Tropfen Sie dazu unter ständigem Umschütteln der Lösung 10%ige Natronlauge (C).

AUFGABEN

1. Entwickeln Sie für die Reaktion von Magnesium mit Essigsäure die Reaktionsgleichung.
2. Leiten Sie aus dem Modell des Essigsäuremoleküls Aussagen über die Struktur ab. Geben Sie an, welche Aussagen über die Essigsäuremoleküle aus diesem Modell nicht ableitbar sind.
3. Warum sollten Salatbestecke nicht aus Neusilber (Kupfer-Nickel-Zink-Legierung) hergestellt werden?
4. Verdünnte Essigsäure leitet den elektrischen Strom und färbt Universalindikatorlösung rot. Konzentrierte Essigsäure reagiert nicht so. Erklären Sie die unterschiedlichen Eigenschaften.

Verwendung von Essigsäure. Eine wässrige Essigsäurelösung mit einem Volumenanteil an Essigsäure zwischen 5 % und 8 % wird als **Essig** bezeichnet und dient ebenso wie Essigessenz mit einem Volumenanteil an Essigsäure von 25 % als Speisewürze (Abb. 1). Essigsäure und einige ihrer Salze sind wichtige Konservierungsstoffe (↗ S. 56), da sie bakterientötend wirken. Wegen dieser Eigenschaft und der gesundheitlichen Unbedenklichkeit wird Essigsäure bei der Herstellung von Reinigungsmitteln verwendet. Essigsäure findet auch Verwendung als Ausgangsstoff zur Herstellung von Lacken und Farben, Arzneimitteln, Lösungsmitteln, Kunststoffen und Kunstfasern.

1

Weitere Alkansäuren

Ameisensäure. Ameisensäure (Methansäure) ist die einfachste Alkansäure, da sie nur ein Kohlenstoffatom im Molekül aufweist (Abb. 2). Sie ist eine farblose, stechend riechende und stark ätzende Flüssigkeit. Ameisensäure reagiert wie alle Säuren mit unedlen Metallen und mit Hydroxiden (Experimente 5 und 6). Manche Tiere und Pflanzen scheiden zu ihrem Schutz Ameisensäure aus. So produzieren Ameisen in ihren Giftdrüsen diese Säure (Abb. 3). Daher kommt der Name Ameisensäure. Verschiedene Laufkäfer, Bienen und andere Insekten sowie bestimmte Quallentiere produzieren ebenfalls Ameisensäure. Auch in den Kapseln der Brennhaare von Brennnesseln ist Ameisensäure vorhanden (Experiment 7).

Ameisensäure wird im Labor zur Darstellung von Kohlenstoffmonooxid verwendet. Ameisensäure und einige ihrer Salze, die **Formiate**, sind gute Konservierungsmittel für Fruchtsäfte, Salate, Erfrischungsgetränke und Silofutter. Ameisensäure kann zum Entkalken von Warmwasserboilern, Kaffeemaschinen, Tauchsiedern oder Heizstäben von Waschmaschinen sowie zur Herstellung von Lösungsmitteln verwendet werden.

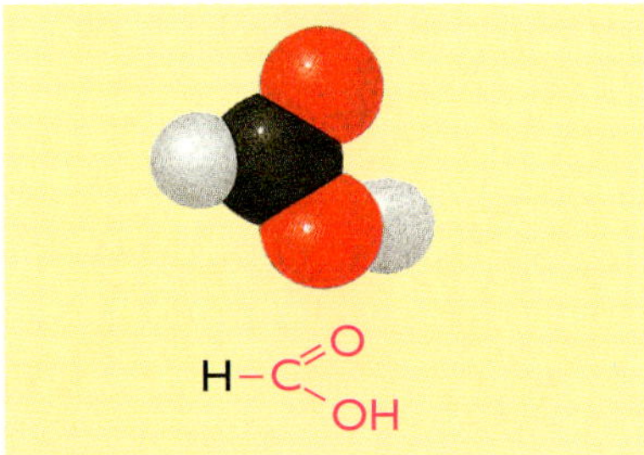

2

Modell und Strukturformel eines Ameisensäuremoleküls

Experiment 5
Versetzen Sie Magnesiumspäne mit 10%iger Ameisensäure (C) bzw. mit 10%iger Salzsäure (Xi). Prüfen Sie die entstehenden Gase (F+) auf Brennbarkeit.

Experiment 6
Versetzen Sie in einem Becherglas 10 ml 10%ige Ameisensäure (C), in einem anderen Becherglas 10 ml 10%ige Salzsäure (Xi) mit einigen Tropfen Lackmuslösung. Tropfen Sie unter Schütteln in beide Lösungen 10%ige Natronlauge (C) zu. Vergleichen Sie Ihre Beobachtungen.

Experiment 7
Untersuchen Sie eine Brennnessel und betrachten Sie die Brennhaare unter einer Lupe. Drücken Sie ein Brennhaar gegen einen Objektträger, prüfen Sie die Reaktion des Flüssigkeitstropfens mit einem Indikator.

3

Homologe Reihe der Alkansäuren. Ameisensäure und Essigsäure sind die ersten Glieder der homologen Reihe der Alkansäuren. Die Moleküle der Alkansäuren enthalten eine Carboxylgruppe und einen Alkylrest. Die einzelnen Glieder unterscheiden sich jeweils um eine CH_2-Gruppe. Die Alkansäuren zeigen gleiche chemische Reaktionen, mit steigender Kettenlänge nimmt die Reaktionsfähigkeit ab. Die ersten Vertreter sind flüssig und in Wasser löslich, höhere Alkansäuren fest und in Wasser nicht löslich.

Alkansäuren

R–COOH

Wasserstoffatom oder Alkylrest	Carboxylgruppe

Name der Alkansäure	Verkürzte Strukturformel	Eigenschaften	Vorkommen
Ameisensäure (Methansäure)	H–COOH	farblos, flüssig, stechend riechend, ätzend, gut wasserlöslich	in Giftdrüsen von Ameisen und anderen Insekten, in vielen Pflanzen und Früchten
Essigsäure (Ethansäure)	CH_3–COOH	farblos, flüssig, stechend riechend, ätzend, gut wasserlöslich	in einigen Pflanzen und Früchten, in tierischen Sekreten, Stoffwechselprodukt
Buttersäure (Butansäure)	CH_3–CH_2–CH_2–COOH	ölig, ranzig riechend, gut wasserlöslich	in Butter und Milchfett, im Schweiß, Produkt beim Faulen von Eiweiß
Palmitinsäure (Hexadecansäure)	CH_3–$(CH_2)_{14}$–COOH	farblos, kristallin, geruchlos, nicht wasserlöslich	in fast allen Naturfetten, z. B. Palmfett, Olivenöl, Talg, Schmalz, Kakaobutter
Stearinsäure (Octadecansäure)	CH_3–$(CH_2)_{16}$–COOH	farblose Blättchen, geruchlos, nicht wasserlöslich	in fast allen Naturfetten, in Hopfen, Rindergalle, im menschlichen Gehirn

AUFGABEN

1. Stellen Sie in verschiedenen Verkaufseinrichtungen fest, welche unterschiedlichen Essigsorten gehandelt werden und worin sie sich unterscheiden.
2. Essigessenz muss in Spezialflaschen auslaufgesichert sein und darf höchstens einen Volumenanteil von φ(Essigsäure) = 25 % haben. Begründen Sie diese Vorschrift!
3. Erläutern Sie am Beispiel der Alkansäuren den Zusammenhang zwischen Struktur der Moleküle und Eigenschaften der Stoffe.
4. Alkansäuren und anorganische Säuren besitzen gleiches Reaktionsverhalten. Schlagen Sie Experimente zur Überprüfung dieser Aussage vor.
5. Leiten Sie aus obiger Übersicht über einige Glieder der homologen Reihe der Alkansäuren deren allgemeine Formel ab.
6. Erklären Sie, warum Alkansäuren gleiche chemische Reaktionen eingehen.
7. Begründen Sie, weshalb die ersten Vertreter der homologen Reihe der Alkansäuren gute Reinigungsmittel, Desinfektionsmittel und Konservierungsstoffe sind.
8. Geben Sie an, welche Lebensmittel im Haushalt Alkansäuren oder Verbindungen der Alkansäuren enthalten.
9. Alkansäuren können durch chemische Reaktion aus entsprechenden Alkanalen und diese wiederum aus entsprechenden Alkanolen hergestellt werden.
   Entwickeln Sie, ausgehend von einem selbst gewählten Alkanol, die Reaktionsgleichungen bis zur Alkansäure.
   Stellen Sie fest, welche Reaktionsarten vorliegen, und begründen Sie die Ergebnisse.
10. Geben Sie Beispiele für das Vorkommen von Alkansäuren in pflanzlichen und tierischen Lebewesen an.

Weitere organische Säuren

Natürliche Carbonsäuren. Neben den Alkansäuren gibt es weitere organische Stoffe mit der Carboxylgruppe im Molekül. Alle organischen Verbindungen, in deren Molekülen eine oder mehrere Carboxylgruppen enthalten sind, werden als **Carbonsäuren** bezeichnet. Da sie sich in Art, Anzahl und Anordnung der funktionellen Gruppen oder anderen Strukturmerkmalen unterscheiden können, gibt es eine Vielzahl von Carbonsäuren (Tabelle). Sind sie in pflanzlichen oder tierischen Organismen enthalten, werden sie als **natürliche Carbonsäuren** bezeichnet.
Die in Fetten vorkommenden Carbonsäuren, z. B. Palmitin-, Stearin- und Ölsäure werden als **Fettsäuren** bezeichnet. Palmitin- und Stearinsäure besitzen wie alle Alkansäuren nur Einfachbindungen zwischen den Kohlenstoffatomen ihrer Moleküle. Deshalb gehören sie zu den **gesättigten Fettsäuren**. Ölsäure besitzt dagegen eine Doppelbindung zwischen zwei Kohlenstoffatomen im Molekül, sie gehört deshalb zu den **ungesättigten Fettsäuren**. Andere Carbonsäuren können mehrere gleiche oder unterschiedliche funktionelle Gruppen im Molekül enthalten. Oxalsäure als Dicarbonsäure besitzt zwei Carboxylgruppen im Molekül.
Milchsäure, Weinsäure und Citronensäure besitzen neben Carboxylgruppen auch Hydroxylgruppen im Molekül. Sie gehören deshalb zur Gruppe der **Hydroxycarbonsäuren**.
Benzoesäure besitzt die Carboxylgruppe an einem aromatischen Ring. Sie gehört deshalb zu den **aromatischen Carbonsäuren**.

Carbonsäuren als Konservierungsmittel. Carbonsäuren und einige ihrer Salze sind gute chemische Konservierungsmittel, da sie in der Lage sind, schädliche Bakterien und Pilze zu zerstören, aber die menschliche Gesundheit nicht beeinträchtigen (Abb. 1). Die Anwendung von Konservierungsmitteln ist kennzeichnungspflichtig unter der Angabe einer EU-Nummer, die für alle Länder der Europäischen Union verbindlich ist. Für alle chemischen Konservierungsmittel sind Höchstmengen in Lebensmitteln festgelegt.

EU-Nr.	Stoff	Konservierungsmittel für
E 200 E 201 E 202	Sorbinsäure Na-Salz K-Salz	Fischmarinaden, flüssiges Vollei und Eigelb, Speisesenf, Gewürzsoßen, Schnittbrot und Futtermittel
E 210 E 211 E 212	Benzoesäure Na-Salz K-Salz	Fischmarinaden, Majonäsen, Tunken, Margarine, Obstpulpen, Obstmark, Sauergemüse, Tabak
E 236 E 237	Ameisensäure Na-Salz	Fruchtrohsäfte, Salate, alkoholhaltige Erfrischungsgetränke, Silofutter
E 260 E 261	Essigsäure K-Salz	Fruchtrohsäfte, Salate, Sauergemüse, Hefebrotteig
E 270	Milchsäure	Limonaden, Essenzen, Salben, Mundwasser
E 280 E 281	Propionsäure Na-Salz	Einwickelpapier für Brot, Butter und Käse, Fruchtsäfte, Blut

Natürliche Carbonsäuren

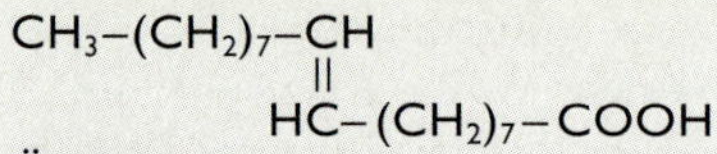
Ölsäure

$CH_3-CH=CH-CH=CH-COOH$
Sorbinsäure

$HOOC-COOH$
Oxalsäure

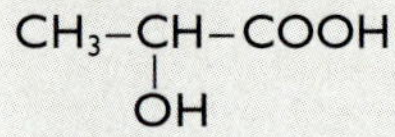
Milchsäure

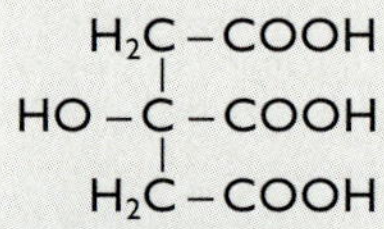
Citronensäure

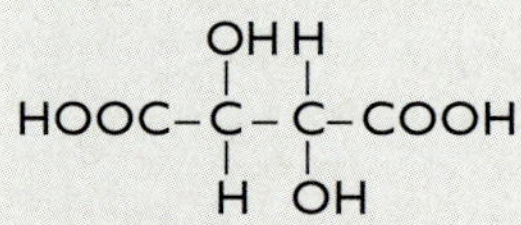
Weinsäure

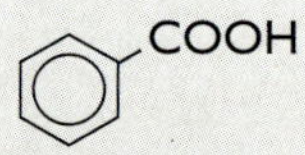
Benzoesäure

1

AUFGABEN

1. Vergleichen Sie Strukturmerkmale und chemische Reaktionen von Alkanolen, Alkanalen und Alkansäuren!
2. Stearinsäure ist eine gesättigte und Ölsäure eine ungesättigte Fettsäure.
   Erläutern Sie diese Begriffe!
3. Welche Arten chemischer und physikalischer Konservierung sind gebräuchlich?
   Geben Sie Beispiele für auf diese Weise konservierte Lebensmittel an.
4. Wodurch unterscheidet sich Ölsäure von Milchsäure?

Im Überblick

Carbonsäuren

Organische Säuren mit mindestens einer Carboxylgruppe im Molekül. Die Carboxylgruppe –COOH ist die funktionelle Gruppe der Carbonsäuren.

Alkansäuren

Gesättigte kettenförmige Carbonsäuren mit einer Carboxylgruppe im Molekül.

	Vorkommen	Verwendung
Ameisensäure	in Giftdrüsen von Ameisen und anderen Insekten, in vielen Pflanzen und Früchten	Entkalkungsmittel, Konservierungsmittel, Lösungsmittel, Säuerungsmittel
Essigsäure	in Pflanzen, Früchten und tierischen Sekreten, Zwischenprodukt des Stoffwechsels	Konservierungsmittel, Lösungsmittel, Beizmittel, zur Herstellung von Farben, Lacken, Riechstoffen und Pharmazeutika

Reaktionen der Alkansäuren

Dissoziieren in Wasser

$$\underset{\text{Essigsäure}}{CH_3{-}COOH} \rightleftharpoons H^+ + \underset{\text{Acetat-Ion}}{CH_3{-}COO^-}$$

Reagieren mit unedlen Metallen und Baselösungen

$$\underset{\text{Ameisensäure}}{2\,H{-}COOH} + Ca \rightleftharpoons \underset{\text{Calciumformiat}}{(H{-}COO)_2Ca} + H_2$$

$$\underset{\text{Essigsäure}}{CH_3{-}COOH} + NaOH \rightleftharpoons \underset{\text{Natiumacetat}}{CH_3{-}COONa} + H_2O$$

Reaktionen vom Alkanol zur Alkansäure

Alkanol

↓ Oxidation

$$2\,R{-}CH_2{-}\underset{\text{Hydroxylgruppe}}{OH} + O_2 \longrightarrow 2\,R{-}\underset{\text{Aldehydgruppe}}{C{\overset{\displaystyle O}{\lessgtr}}_{H}} + 2\,H_2O$$

Alkanal

↓ Oxidation

$$2\,R{-}C{\overset{\displaystyle O}{\lessgtr}}_{H} + O_2 \longrightarrow 2\,R{-}\underset{\text{Carboxylgruppe}}{C{\overset{\displaystyle O}{\lessgtr}}_{OH}}$$

Alkansäure

7

Ester – Fette

Ein reich gedecktes kaltes Buffet strömt einen herrlichen Duft aus und lockt zum Kosten. Oft sind in den gebotenen Köstlichkeiten auch Fette enthalten. Duft- und Aromastoffe sowie Fette sind ähnliche chemische Verbindungen. Wie kann das sein?

Ester

Ester als Duft- und Aromastoffe. Die Menschen fühlen sich besonders wohl, wenn sie von angenehmen Düften umgeben sind. Parfüms und Cremes, Backwaren und Getränke – alles soll wohlriechend sein. Viele Duftstoffe sind Inhaltsstoffe von Pflanzenblüten und -früchten. Aus diesen wurden sie früher ausschließlich gewonnen. Heute können viele dieser Stoffe synthetisch hergestellt werden (Tabelle). In Lebensmitteln eingesetzte naturidentische, synthetische Aromastoffe müssen auf der Verpackung angegeben werden. Bereits über 2000 verschiedene naturidentische Geruchs- und Aromastoffe können synthetisch hergestellt werden. Über die Hälfte davon gehören zur Gruppe der **Alkansäureester**. Aufgrund ihrer Geruchs- und Geschmackseigenschaften werden diese Ester als **Fruchtester** bezeichnet.

In vielen Duft- und Aromastoffen sind Alkansäureester, die Fruchtester, enthalten.

Bildung von Alkansäureestern. Alkansäureester können durch chemische Reaktion aus Alkansäuren und Alkoholen dargestellt werden. Diese Reaktion benötigt Wärmezufuhr und einen Katalysator, zum Beispiel Schwefelsäure (Experiment 1). Neben dem Ester entsteht als weiteres Reaktionsprodukt Wasser, dessen Moleküle aus der Hydroxylgruppe der Alkohol- und der Carboxylgruppe der Alkansäuremoleküle gebildet werden. Diese chemische Reaktion wird als **Veresterung** bezeichnet. Da bei einer Veresterung zwischen der Alkansäure und dem Alkohol Atome ausgetauscht werden, gehört sie zu den **Substitutionsreaktionen**.

Geruch/ Aroma	Fruchtester gebildet aus
Rum	Ameisensäure und Ethanol Propionsäure und i-Butanol
Birne	Buttersäure und i-Pentanol
Banane	Essigsäure und i-Butanol
Erdbeere	Essigsäure und i-Hexanol
Pfirsich	Buttersäure und Ethanol
Apfel	Buttersäure und Methanol Valeriansäure und i-Pentanol
Ananas	Buttersäure und Methanol oder Ethanol
Aprikose	Buttersäure und i-Pentanol
Pfefferminz	Benzoesäure und Ethanol

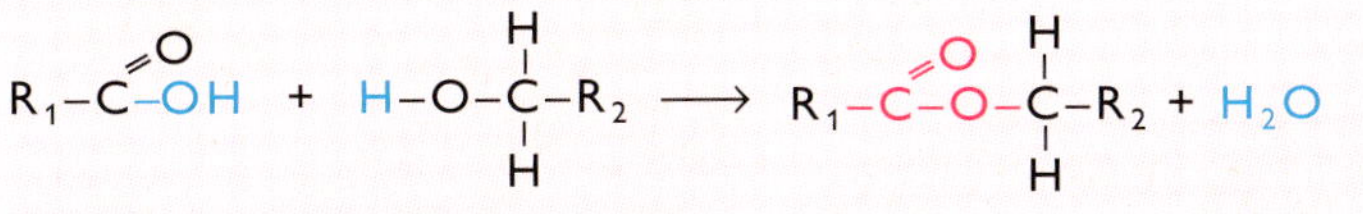

Die Veresterung ist eine chemische Reaktion von Säuren mit Alkoholen unter Bildung von Estern und Wasser.

Die Moleküle der Alkansäureester enthalten als charakteristisches Strukturmerkmal die **Estergruppe** $\mathbf{-C(=O)-O-}$ bzw. $\mathbf{-CO-O-}$. Im Ergebnis des Experimentes 1 lässt sich feststellen, dass neben den Reaktionsprodukten Ester und Wasser auch noch die Ausgangsstoffe Buttersäure und Ethanol vorliegen. Die Veresterung verläuft nicht vollständig. Der Name des Esters wird aus den Namen der Ausgangsstoffe abgeleitet.

$$C_3H_7-COOH + HO-C_2H_5 \longrightarrow C_3H_7-CO-O-C_2H_5 + H_2O$$

Buttersäure | Ethanol | Buttersäureethylester

Name der Säure	Name der Alkylgruppe des Alkanols	Name der Stoffgruppe „ester“
Buttersäure	ethyl	ester
	Buttersäureethylester	

Spaltung von Alkansäureestern. Wird ein Gemisch aus Buttersäureethylester und Wasser längere Zeit stehen gelassen oder unter Rückflusskühlung erhitzt, kann man danach feststellen, dass das entstehende Gemisch den elektrischen Strom leitet. Buttersäureethylester leitet aber den elektrischen Strom nicht.
Außerdem ist ein unangenehmer Geruch wahrnehmbar und mit einem Indikator eine saure Reaktion der Lösung feststellbar. Diese Eigenschaften lassen sich auf die Spaltung des Esters in Buttersäure und Ethanol zurückführen.

$$C_3H_7-CO-O-C_2H_5 + H_2O \longrightarrow C_3H_7-COOH + C_2H_5-OH$$

Die entstandene Buttersäure bewirkt den unangenehmen Geruch. In wässriger Lösung liegen Wasserstoff-Ionen und Säurerest-Ionen der Buttersäure vor. Dadurch ist die Lösung sauer und leitet den elektrischen Strom. Die Esterspaltung verläuft rascher bei Zusatz von Säure- oder Hydroxidlösungen, die beim Erhitzen als Katalysator wirken. Die Esterbildung ist also eine umkehrbare Reaktion. Die Bildung eines Esters wird als **Veresterung**, die Spaltung eines Esters als **Verseifung** bezeichnet.

$$\text{Alkansäure} + \text{Alkohol} \underset{\text{Verseifung}}{\overset{\text{Veresterung}}{\rightleftarrows}} \text{Alkansäureester} + \text{Wasser}$$

Experiment 1 **L**

Vorsicht! Schutzbrille!

Ein Gemisch aus Buttersäure (C), Ethanol (F) und konzentrierter Schwefelsäure (C) wird erhitzt. Der Geruch des Destillats wird geprüft.

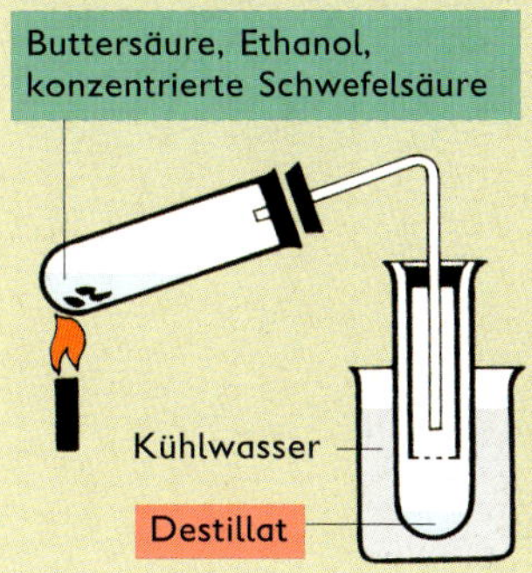

AUFGABEN

1. Aus welchen Ausgangsstoffen können die folgenden Ester dargestellt werden:
   a) Essigsäurepropylester,
   b) Ameisensäuremethylester,
   c) Triölsäureglycerinester?
2. Verschiedene Lebensmittel enthalten natürliche oder naturidentische Aromastoffe. Was versteht man unter natürlichen und unter naturidentischen Aromastoffen? Suchen Sie auf Verpackungsangaben, welchen Lebensmitteln welche Aromastoffe zugesetzt wurden.
3. Erklären Sie, warum ein Alkansäureester-Wasser-Gemisch sauer reagiert und den elektrischen Strom leitet, der reine Alkansäureester sich dagegen nicht so verhält.
4. Entwickeln Sie die Reaktionsgleichungen für die Verseifung von a) Essigsäureethylester und b) Propansäurepropylester. Erläutern Sie den Begriff Verseifung.

Weitere Ester. Neben Fruchtestern, die aus niedermolekularen Alkoholen und niedermolekularen Alkansäuren gebildet werden, können Ester auch aus höhermolekularen Alkoholen und anderen Carbonsäuren sowie aus Alkoholen und anorganischen Säuren entstehen (Tabelle).

Ester	Ausgangsstoffe Säure	 Alkohol	Verwendung
Fruchtester	niedermolekulare Alkansäuren	niedermolekulare Alkohole	Aromen, Duftstoffe, Lösungsmittel für Lacke und Klebstoffe
Wachse	höhermolekulare Alkansäuren	höhermolekulare Alkohole	Kerzen, Polituren, Schmierstoffe, Imprägniermittel, Kosmetika
Fette/ fette Öle	gesättigte und ungesättigte Fettsäuren	Glycerin	Nahrungsmittel, Herstellung von Glycerin und Seifen
Phosphorsäureester	Phosphorsäure	meist niedermolekulare Alkohole, Glycerin	Weichmacher, Lösungsmittel, zur Lack-, Film- und Kunststoffherstellung, Insektizide, Kampfstoffe, biochemische Energiespeicher
Salpetersäureester	Salpetersäure	niedermolekulare, mehrwertige Alkohole	Sprengstoffe und Schießpulver, zur Herstellung von Lacken, Kunststoffen, Medikamenten
Schwefelsäureester	Schwefelsäure	niedermolekulare oder höhermolekulare Alkohole	Hilfsstoffe für organische Synthesen, zur Herstellung von Waschmitteln

Viele Stoffe sind lebensnotwendig, andere können Leben zerstören. Das wird am Beispiel der Stoffgruppe der Ester besonders deutlich. Phosphorsäureester erfüllen lebenswichtige Funktionen, zum Beispiel Adenosintriphosphat (ATP), oder sind wichtige Schädlingsbekämpfungsmittel (Abb. 1). Übermäßiger Einsatz kann jedoch Mensch und Tier schädigen, wenn Insektizidrückstände durch Nahrung oder Trinkwasser aufgenommen werden. Phosphorsäureester eignen sich auch als chemische Kampfstoffe. Die Vereinten Nationen treten für ein Verbot von Produktion und Einsatz chemischer Kampfstoffe ein. Salpetersäureester, zum Beispiel Nitroglycerin, dienen als Sprengstoffe in Bergbau, Straßenbau und der Bauindustrie, aber auch als Schieß- und Sprengstoffe zum Töten von Menschen.

1

Einsatz von Insektiziden

2

Alfred Nobel (1833 bis 1896)
Dem schwedischen Chemiker gelang es 1867, das schon bei geringen Erschütterungen, Stößen oder beim Erhitzen explodierende Nitroglycerin als Sprengmittel verwendungsfähig zu machen. Durch Aufsaugen von Nitroglycerin in Kieselgur stellte er erstmalig „Dynamit“ her.
Nobel produzierte in eigenen Fabriken Dynamit und erzielte durch dessen Verkauf ein riesiges Vermögen. Aus den Zinsen des Vermögens finanziert die von ihm gegründete Stiftung den *Nobel*preis, der seit 1901 jährlich für hervorragende Leistungen auf den Gebieten Chemie, Physik, Medizin und Literatur sowie für die Förderung des Friedens verliehen wird.

Fette

3 Verschiedene Fette im Handel

Vorkommen und Eigenschaften. Fette sind wichtige Naturstoffe. Sie kommen in einigen Samen von Pflanzen (Raps, Sonnenblumen, Oliven), als Speicherstoff im Gewebe von Tieren und in feinen Tröpfchen verteilt in der Milch vor.
Viele Fette sind bei Zimmertemperatur feste oder halbfeste Stoffe, die bereits bei geringem Erwärmen schmelzen.
Fette, die bei Zimmertemperatur flüssig sind, bezeichnet man im Unterschied zu Mineralölen als **fette Öle**.
Fette lösen sich nicht in Wasser, in Ethanol erst bei höheren Temperaturen. Dagegen lösen sie sich leicht in Lösemitteln wie Heptan oder Petroleumbenzin (Experiment 2).
Fette verursachen auf Papier durchscheinende Flecke. Daran kann man sie leicht erkennen (Experiment 3 und 5).
Beim Erhitzen auf 300 °C können sich Fette selbst entzünden. Brennendes Fett darf nicht mit Wasser gelöscht werden!

Experiment 2
Verschiedene Fette werden auf Löslichkeit in Wasser, Ethanol (F) und Petroleumbenzin (F) geprüft.

Experiment 3
Zerquetschen Sie Raps- oder Sonnenblumensamen auf einer Papierunterlage.

Experiment 4
In Heptan (F, Xn, N) gelöstes Kokosfett, Oliven- und Leinöl werden mit 3%igem Bromwasser (T, Xi) geschüttelt.

Experiment 5
Schütteln Sie zerquetschte Ölsaat mit Heptan (F, Xn, N). Geben Sie nach einer Minute einen Tropfen auf ein Blatt Papier.

Zusammensetzung und Eigenschaften. Fette bestehen aus Estern des Glycerins (Propantriols), von dem alle drei Hydroxylgruppen eines Moleküls mit Alkansäuremolekülen mittlerer und höherer Kettenlänge (**Fettsäuren**) reagiert haben. Dabei treten auch ungesättigte Fettsäuren auf (Experiment 4).

$H_2-C-O-CO-(CH_2)_2-CH_3$ Buttersäure
$|$
$H-C-O-CO-(CH_2)_{14}-CH_3$ Palmitinsäure
$|$
$H_2-C-O-CO-(CH_2)_{16}-CH_3$ Stearinsäure

Molekülrest des Glycerins
Molekülreste der Fettsäuren

Beim Erhitzen von Fetten mit Natronlauge tritt Verseifung ein. Seifen und Glycerin entstehen. Natürliche Fette sind Gemische verschiedener Ester und haben keine feste Schmelztemperatur.

Fette sind Gemische verschiedener Glycerin-Alkansäure-Ester.

Anteil wichtiger Fettsäuren in %	Schweinefett	Rindertalg	Butter	Waltran	Olivenöl	Leinöl	Sonnenblumenöl
Gesättigte Fettsäuren							
Buttersäure C_3H_7COOH	–	–	3	–	–	–	–
Palmitinsäure $C_{15}H_{31}COOH$	26	27	25	18	10	5	5
Stearinsäure $C_{17}H_{35}COOH$	15	26	10	2	3	5	2
Ungesättigte Fettsäuren							
Ölsäure $C_{17}H_{33}COOH$	42	39	30	38	77	25	27
Linolsäure $C_{17}H_{31}COOH$	14	2	3	–	8	8	65
Linolensäure $C_{17}H_{29}COOH$	–	–	4	–	–	58	–

AUFGABEN

1. Welche Unterschiede bestehen zwischen fetten Ölen und Mineralölen? Begründen Sie diese.
2. Warum darf man brennendes Fett nicht mit Wasser löschen?
3. Setzen Sie die Ergebnisse von Experiment 4 in Beziehung zur Textaussage über ungesättigte Fettsäuren in fetten Ölen.
4. Vergleichen Sie die Formeln von Palmitin- und Ölsäure. Geben Sie den Unterschied an.

Die Eigenschaften von Fetten werden vor allem durch den Anteil unterschiedlicher Fettsäurereste in den Molekülen bestimmt. In festen Fetten wie dem Rindertalg ist Glycerin vorwiegend mit gesättigten, in fetten Ölen teilweise mit ungesättigten Fettsäuren verestert. Besonders deutlich ist das beim Leinöl (↗ Tabelle, S. 61). Auch die Kettenlänge wirkt sich aus. In Milchfetten von Säugetieren liegen häufig Fettsäuremoleküle mittlerer Kettenlänge, in den Fischtranen solche mit längerer Kette vor.
In den Fettmolekülen ist der Glycerinrest meistens mit zwei oder drei unterschiedlichen Fettsäuremolekülen verestert. Moleküle mit drei gleichen Fettsäurestern sind selten. Die große Anzahl Kombinationsmöglichkeiten und vielfältigen Mischungsmöglichkeiten unterschiedlicher Fettmoleküle erklären die Vielfalt arteigener Fette mit unterschiedlichen Eigenschaften bei Pflanzen und Tieren.

Versteckte Fette in 100 g verschiedener Nahrungsmittel	
Erdnüsse	50 g
Leberwurst	41 g
Kartoffelchips	40 g
Vollmilchschokolade	30 g
Hartkäse (45 % Fett i.Tr.)	28 g
Schweinefleisch	15 ··· 25 g
Hering	15 g
Eier	10 g
Eiscreme	10 g

Fettspaltung und Fettaufbau – Fettstoffwechsel. Fette können wie alle Ester durch Hydrolyse unter Aufnahme von Wasser in Glycerin und Fettsäuren gespalten werden. Umgekehrt entstehen in der Natur Fette durch Kondensation unter Wasseraustritt aus Glycerin und Fettsäuren:

$$\text{Fett} + \text{Wasser} \underset{\text{Fettaufbau}}{\overset{\text{Fettspaltung}}{\underset{\longleftarrow}{\overset{\longrightarrow}{\text{Katalysator/Enzym}}}}} \text{Glycerin} + \text{Fettsäure}$$

Fettspaltung und Fettaufbau laufen beim Stoffwechsel in den Organismen unter Einwirkung von Enzymen als Katalysatoren ab. Für den Menschen sind Fette ein wichtiger Bestandteil der Nahrung. Ein Erwachsener benötigt täglich etwa 1 g Fett pro Kilogramm seines Normalgewichtes. Derzeit ist der durchschnittliche Fettverbrauch in der Bundesrepublik Deutschland aber etwa doppelt so hoch. Oft wird übersehen, dass wir Fett nicht nur in Form von Butter, Margarine oder Speiseöl zu uns nehmen. Viele Nahrungsmittel enthalten nämlich in erheblichem Maße versteckte Fette. (Tabelle).
Im menschlichen Organismus werden Fette aus der Nahrung im Magen-Darm-Kanal zu Glycerin und Fettsäuren abgebaut, damit sie vom Körper aufgenommen und transportiert werden können. Fette dienen dem Körper vor allem als Energielieferanten, aber auch zum Aufbau körpereigener Fette, die im Gewebe gespeichert werden können.
Unser Körper ist in der Lage, einige Fettsäuren bei Bedarf mithilfe von Enzymen selbst aufzubauen. Die Synthese von mehrfach ungesättigten Fettsäuren, beispielsweise Linol- und Linolensäure, ist im Körper aber nicht möglich. Sie werden als essentielle Fettsäuren (lateinisch: essentia = das Wesen) bezeichnet und müssen stets ausreichend mit der Nahrung aufgenommen werden. Fehlen sie dem Körper, treten Mangelkrankheiten auf. Die Verwendung pflanzlicher Öle ist deshalb bei der Speisenzubereitung sehr wichtig.
Auch außerhalb der Organismen tritt bei Feuchtigkeit und Wärmeeinwirkung langsame Fettspaltung ein. Das Fett wird ranzig. Durch dabei frei werdende Fettsäuren mit mittlerer Kettenlänge, beispielsweise Buttersäure, tritt unangenehmer Geruch auf.

1
Butterfass

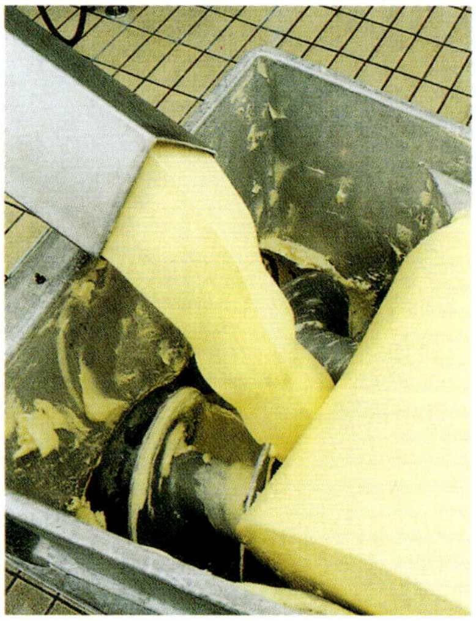
2
Buttermaschine

Gewinnung und Verarbeitung von Fetten. Tierische Fette (Schweineschmalz, Rindertalg) werden durch Ausschmelzen aus dem Fettgewebe gewonnen. Pflanzenfette und fette Öle (Olivenöl, Leinöl, Weizenkeimöl) erhält man durch Pressen oder Extrahieren vor allem aus Pflanzensamen. Beim Extrahieren wird das Fett aus dem zerkleinerten Samen mit einem geeigneten Stoff herausgelöst, den man anschließend durch Erhitzen oder im Vakuum wieder entfernt (Experiment 5, Seite 61).
Zur Herstellung von **Butter** müssen die in Milch fein verteilten Fetttröpfchen abgetrennt werden (Abb. 3). Das geschieht in zwei Schritten. Bleibt Milch einige Zeit ruhig stehen, sammeln sich die Fetttröpfchen als Rahm mit 20 ··· 30 % Fettgehalt an der Oberfläche. Schneller und intensiver gelingt dieses Entrahmen der Milch durch Zentrifugieren. Durch längeres Schlagen des Rahms bilden sich dann Fettklümpchen. Sie werden von der zurückbleibenden Buttermilch abgetrennt und zu kompakter Butter verknetet. Das Schlagen des Rahms erfolgte früher von Hand in Butterfässern (Abb. 1). In Molkereien geschieht das heute in Buttermaschinen (Abb. 2).
An die Doppelbindungen in den Fettsäuremolekülen fetter Öle kann mit Katalysatoren Wasserstoff angelagert werden (Hydrierung). Damit nimmt der Anteil von gesättigten Fettsäuren in den Fettmolekülen zu. Aus den fetten Ölen entsteht festes Fett.
Dieses um 1900 entwickelte technische Verfahren der **Fetthärtung** ist eine Grundlage für die Verarbeitung von Pflanzenfetten zu Margarine (Abb. 4). Bei der Fetthärtung werden die essentiellen Fettsäuren durch die Hydrierung weitgehend beseitigt. Um die Margarine zu einem hochwertigen Nahrungsmittel zu machen, werden noch Pflanzenöle, Milch, Vitamine, Carotin als Farbstoff und Salz zugesetzt. Zusatz von etwas Stärke oder Sesamöl ermöglicht Margarine und Butter zu unterscheiden.
Da Glycerin und Fettsäuren wichtige technische Rohstoffe sind, werden sie teilweise aus Fetten, vor allem Abfallfetten, durch Erhitzen in Gegenwart von Katalysatoren gewonnen.
Wird Fett mit Natron- oder Kalilauge erhitzt, so entstehen sofort die Salze der Fettsäuren, die Seifen (↗ S. 67).
Firnis, der mit Farbpigmenten zu Ölfarben angerührt wird, stellt man aus Leinöl her.

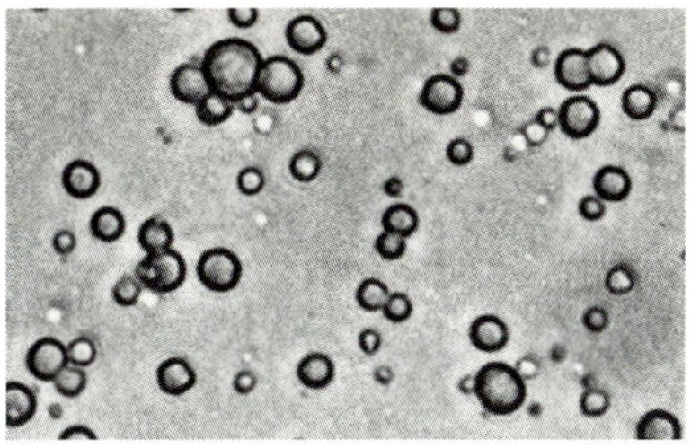
3
Fetttröpfchen in der Milch unter dem Mikroskop

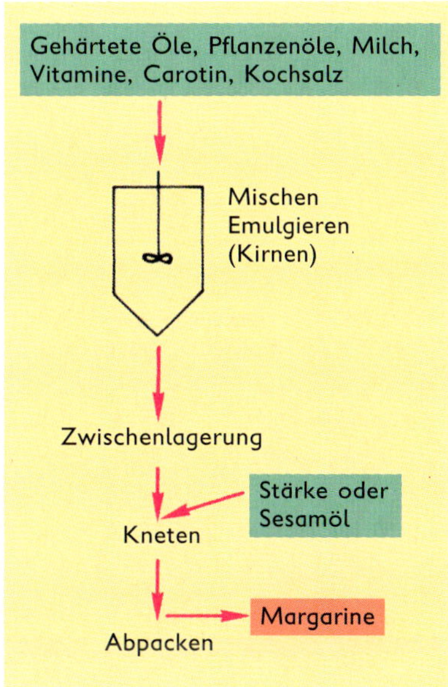

4
Margarineherstellung

AUFGABEN

1. Die Fettspaltung wird durch Wärme und Feuchtigkeit begünstigt. Was geschieht dabei? Was ist für die Lagerung von Fetten zu folgern?
2. Butter enthält einen Massenanteil von mehr als 15 % Wasser, Rindertalg weniger als 0,5 %.
   Was ist daraus für die Haltbarkeit beider Fette zu folgern?
3. Warum verwendet man zum Ölen eines Fahrrades kein fettes Öl?
4. Wieso werden bei der Hydrierung von Fetten ungesättigte Fettsäuren beseitigt?
5. Ölsäure ist eine ungesättigte Fettsäure, Stearinsäure eine gesättigte Fettsäure. Erläutern Sie, was man unter diesen Begriffen versteht. Nennen Sie Fette, die viele ungesättigte Fettsäuren enthalten.
6. Für eine gesunde Ernährung sollten pflanzliche Fette den tierischen Fetten gegenüber vorgezogen werden.
   Nennen Sie Gründe dafür!

Aus der Welt der Chemie

1

Vom Rapsöl zum Biodiesel

Neue Energie- und Rohstoffquellen sind notwendig. Auf der Erde ist der Energie- und Rohstoffbedarf sprunghaft angestiegen. In den letzten 20 Jahren ist mehr Energie verbraucht worden als in 160 Jahren zuvor. 90 % aller organischen Produkte wie Plaste, Chemiefasern, Medikamente, Heizöl, Kraftstoffe und vieles mehr werden heute aus Erdöl und Erdgas hergestellt, die zugleich auch wichtige Energiequellen sind. Die Vorräte an Erdöl und Erdgas sind jedoch begrenzt und in absehbarer Zeit erschöpft. Da die Menschen nicht auf wesentliche Voraussetzungen für ihr Leben verzichten wollen, muss nach neuen, möglichst erneuerbaren Energiequellen und nachwachsenden Rohstoffen gesucht werden. Eine Möglichkeit, dem steigenden Erdöl- und Erdgasbedarf entgegenzuwirken, ist der Gedanke, Pflanzenöle als Heiz- und Kraftstoffe nutzbar zu machen, gewissermaßen die in den Pflanzen gespeicherte Sonnenenergie zurückzugewinnen (Abb. 1).

Biodiesel – Kraftstoff der Zukunft? In jahrelangen Untersuchungen wurden Möglichkeiten erkannt, aus Raps- und Sonnenblumenöl Kraftstoffe für Dieselmotoren herzustellen. Sie werden als Biodiesel bezeichnet. Ein solcher Kraftstoff wird bereits in modernen Dieselmotoren verwendet (Abb. 3). An seiner weiteren Verbesserung wird aber noch gearbeitet. Als besonders geeignet erweisen sich Öle mit hohem Anteil an Fettsäuren, die 10 bis 12 Kohlenstoffatome im Molekül enthalten. Es wird versucht, Rapssorten gentechnisch entsprechend zu verändern.
Zur Herstellung von Biodiesel muss das aus Ölsaaten gepresste Öl chemisch aufbereitet werden, beispielsweise durch Bildung von Rapsölmethylester. Dabei geht es insbesondere um die Verbesserung der Zündbeschleunigung, das Vermeiden von Verharzen und Korrosionshemmung (Abb. 2).
Biodiesel hat deutliche Vorteile gegenüber herkömmlichen Dieselkraftstoffen. Er ist nicht giftig, bildet keine Gefahr für Boden und Grundwasser, enthält keinen Schwefel und liefert bei der Verbrennung kaum Ruß und nicht mehr Kohlenstoffdioxid, als die Pflanzen vorher aus der Luft aufgenommen haben. Problematisch ist der noch hohe Bedarf an Ackerfläche für den Rapsanbau. Für 1000 Liter Öl wird 1 ha benötigt.

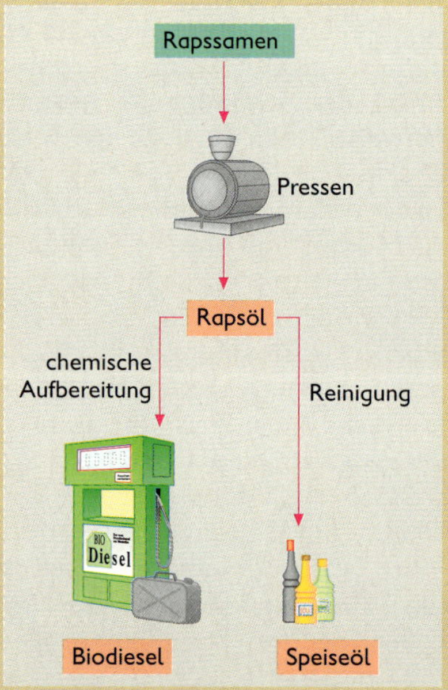

2 Verarbeitung von Rapssamen

3 Betanken eines Fahrzeugs mit Biodiesel

AUFGABEN

1. Kennzeichnen Sie die Reaktionsarten, mit denen, ausgehend vom Ethanol, Essigsäureethylester dargestellt werden kann.
2. Bei der Neutralisationsreaktion einer Säurelösung mit einer Hydroxidlösung wird Wasser gebildet. Bei der Veresterung einer Säurelösung mit Alkohol wird ebenfalls Wasser gebildet. Erläutern Sie den Unterschied.
3. Einige niedermolekulare Ester (z. B. Essigsäureethylester) sind gute Lösungsmittel. Unterbreiten Sie Vorschläge zur experimentellen Überprüfung dieser Aussage.
4. Geben Sie optimale Bedingungen für die Herstellung eines Fruchtesters an und begründen Sie deren Wahl.
5. Nennen Sie Gruppen von Estern und einige wichtige Verwendungen dieser Ester.
6. Im Kaugummi befindet sich ein Aroma, das aus Salicylsäure und Methanol hergestellt werden kann. Entwickeln Sie die Reaktionsgleichung.

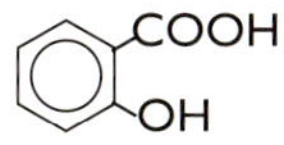

Salicylsäure

7. Fruchtester und Fette sind Verbindungen, die durch Reaktionen von Alkoholen mit Alkansäuren entstehen. Wodurch unterscheiden sich Fette und Fruchtester?
   Welche Gemeinsamkeiten bestehen?
8. Erläutern Sie die Bedeutung von Fetten im Stoffwechsel der Organismen.
9. Welche Argumente sprechen für die Verwendung von Biodiesel?
10. Begründen Sie den Text auf dem abgebildeten Aufkleber für Biodiesel.

Im Überblick

Ester

Organische Stoffe, die durch chemische Reaktionen aus Säuren und Alkoholen dargestellt werden können.

Carbonsäureester

Ester der Carbonsäuren mit Alkoholen, die als Strukturmerkmal die Estergruppe –CO–O– besitzen.
Wichtige natürliche Carbonsäureester kommen in Ölen, Fetten, Wachsen, Harzen und Aromen vor.

Veresterung und Verseifung

Die Veresterung ist eine chemische Reaktion von Säuren mit Alkoholen unter Bildung von Estern und Wasser. Sie gehört zu den Substitutionsreaktionen.

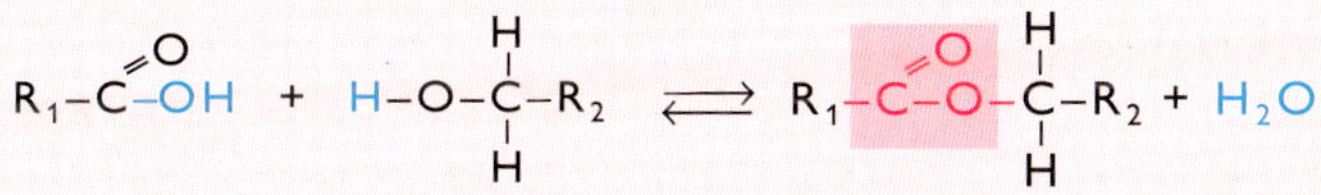

Carbonsäure | Alkohol | Carbonsäureester | Wasser

Die Veresterung ist eine umkehrbare Reaktion. Die Spaltung eines Esters durch chemische Reaktion mit Wasser in Säure und Alkohol wird als Verseifung bezeichnet.

Fette

Ester des Glycerins mit gesättigten und ungesättigten Monocarbonsäuren (Fettsäuren).
Fettspaltung und Fettaufbau erfolgen in der Natur unter Einwirkung von Enzymen als Katalysatoren.

$$\text{Fett} + \text{Wasser} \underset{\text{Fettaufbau}}{\overset{\text{Fettspaltung}}{\underset{\text{Enzym}}{\rightleftarrows}}} \text{Glycerin} + \text{Fettsäure}$$

8

Seifen und Waschmittel

Schon immer waschen die Menschen sich und ihre Wäsche, nur die Art und Weise änderte sich.
Weshalb kann man sich mit Seife gut säubern? Warum wäscht man Wäsche mit Waschmitteln? Wie wirken Waschmittellösungen auf die Umwelt?

Seife

Eigenschaften von Seife. Täglich waschen oder duschen wir uns. Doch selten oder gar nicht überlegen wir, warum wir zum Waschen Seife verwenden können, welche Eigenschaften der Seife wir beim Waschen ausnutzen. Seife ist wasserlöslich. Seife setzt die Oberflächenspannung des Wassers herab und ermöglicht dadurch eine gute Benetzung der Haut sowie von Textilien (Abb. 1 und 2) und Schmutzteilchen (Experiment 1). Seifenlösung kann Schmutzteilchen aufnehmen und längere Zeit in der Schwebe halten, sodass diese beim Waschvorgang entfernt werden (Experiment 2). Wässrige Seifenlösungen reagieren alkalisch (Experiment 3), wodurch insbesondere Textilien aus tierischer Wolle oder Seide geschädigt werden können. In Gegenwart von Säuren und Salzlösungen kommt es, z. B. bei Schweißflecken im Waschgut, zur Bildung freier Fettsäuren. Diese werden als Trübung in der Lösung oder als Rand in der Badewanne sichtbar. Die Seife verliert dadurch ihr Schaumvermögen und ihre reinigende Wirkung. In hartem Wasser reagiert Seifenlösung mit den die Wasserhärte bewirkenden Calcium- und Magnesium-Ionen unter Bil-

Experiment 1
Legen Sie auf die Wasseroberfläche eines gefüllten Glases eine Nadel und tropfen Sie anschließend Seifenlösung zu.

Experiment 2
2 Baumwolltücher werden berußt. Je ein Tuch wird über die Öffnung eines Becherglases gespannt. Durch ein Tuch wird Leitungswasser, durch das andere Tuch Seifenlösung in das Becherglas gegossen.

Experiment 3
Prüfen Sie verschiedene Seifenlösungen auf ihr Verhalten gegenüber
a) Universalindikatorlösung,
b) Öl,
c) Kochsalzlösung,
d) 10%iger Salzsäure (Xi),
e) 10%iger Calciumchloridlösung.

1

2

dung schwer löslicher Salze, die als Kalkseifen bezeichnet werden. Durch Ausfällung der Kalkseifen (Experiment 3) wird das Schäumen der Seife sehr stark behindert und damit die Waschwirkung beträchtlich herabgesetzt. Das führt zu einem nutzlosen Mehrverbrauch an Seife. Außerdem lagert sich die Kalkseife im Gewebe der Textilien ab, sodass die Wäsche im Laufe der Zeit hart wird und erheblich vergraut.

3

Herstellung von Seife. Seifen sind Salze mittlerer und höherer Alkansäuren, der **Fettsäuren** (↗ S. 61). Ausgangsstoffe für ihre Herstellung sind Fette, zum Beispiel Rindertalg, Schweineschmalz, Kokosöl, Palmöl und Erdnussöl, sowie Alkalilaugen oder Alkalimetallsalze, zum Beispiel Natriumcarbonat.
Die Fette als Ester entsprechender Alkansäuren (↗ S. 61) werden in alkalischer Lösung mehrere Stunden in Kesseln gekocht. Daher stammt der Name „Seifensieden". Beim Kochen werden die Ester gespalten, es entstehen Glycerin und die Alkalimetallsalze der Carbonsäuren. Beim Einsatz von Soda (Natriumcarbonat) oder Natronlauge entsteht **Kernseife** (Experiment 4), bei Verwendung von Pottasche (Kaliumcarbonat) oder Kalilauge **Schmierseife**.

$$\begin{array}{l} H_2C-O-CO-C_{17}H_{35} \\ \;| \\ HC-O-CO-C_{17}H_{35} \\ \;| \\ H_2C-O-CO-C_{17}H_{35} \end{array} + 3\,NaOH \rightleftharpoons \begin{array}{l} H_2C-OH \\ \;| \\ HC-OH \\ \;| \\ H_2C-OH \end{array} + 3\,C_{17}H_{35}COO\,Na$$

Tristearinsäureglycerinester (Fett) — Natronlauge — Glycerin (Propantriol) — Natriumstearat (Kernseife)

Werden Fette zur Seifenherstellung verwendet, deren Fettsäuremoleküle nur 8 bis 10 Kohlenstoffatome besitzen, entstehen **Flüssigseifen.**
Durch Auswahl und Zusammensetzung eingesetzter Fette und verschiedener Zusätze lassen sich aus den industriell hergestellten Rohseifen Feinseifen und Spezialseifen fertigen (Abb. 3). So enthalten Feinseifen als weitere Bestandteile rückfettende Substanzen, zum Beispiel Lanolin, Parfümöle als Riechstoffe, Desodorantien, Stabilisatoren und Farbstoffe.

Seifen sind Alkalimetallsalze mittlerer und höherer Fettsäuren.

Experiment 4
10 g Fett werden mit 10 ml Wasser versetzt und geschmolzen. Dazu werden 10 ml 10 ··· 20%ige Natronlauge (C) getropft.
Das Gemisch ist etwa 15 Minuten zum Sieden zu erhitzen. Unter ständigem Rühren wird verdampftes Wasser ersetzt. Die zähflüssige Masse wird in eine Form gegossen und nach dem Erstarren entnommen.

AUFGABEN

1. Nennen Sie Eigenschaften von Seife, die die Waschwirkung positiv bzw. negativ beeinflussen.
2. Bestimmte Insekten, zum Beispiel der Wasserläufer, sind in der Lage, sich auf der Wasseroberfläche fortzubewegen.
   Können sie das auch auf Seifenlösung? Begründen Sie!
3. Erklären Sie, warum es ungünstig ist, in hartem Wasser Wäsche mit Seife zu waschen.
4. Wird ein Wollpullover nur mit Seifenlösung gewaschen, verfilzt er. Nennen Sie Ursachen für diese Erscheinung.
5. Bei der Herstellung von Seifen werden Fettsäureester gespalten.
   Wie heißt diese chemische Reaktion?

Der Waschvorgang. In wässriger Seifenlösung liegen Fettsäure-Anionen (Seifen-Anionen) vor.

$$C_{17}H_{35}COONa \longrightarrow Na^+ + C_{17}H_{35}COO^-$$

Natriumstearat (Kernseife) — Stearat-Anion (Seifen-Anion)

Der Waschvorgang beruht auf der Struktur dieser Anionen.
Die Seifen-Anionen besitzen einen Alkylrest, der wasserfeindlich (hydrophob), und eine Carboxylat-Gruppe $-COO^-$, die wasserfreundlich (hydrophil) wirkt (Abb. 2). Dadurch ordnen sich die Seifen-Anionen an der Wasseroberfläche mit dem wasserfeindlichen Teil nach oben an und vermindern somit die Anziehungskräfte zwischen den Wassermolekülen. Die Oberflächenspannung des Wassers wird herabgesetzt und eine gute Benetzung der Haut bzw. der Textilien erreicht (Phase 1).
Der wasserfeindliche Teil lagert sich an die Schmutzpartikel, sodass diese an ihrer Oberfläche eine einheitliche Ladung besitzen und sich gegenseitig abstoßen. Da gleichzeitig auch die Oberfläche des textilen Waschgutes wie die Oberfläche der Schmutzteilchen aufgeladen wird, lösen sich die Schmutzteilchen vom Gewebe (Phase 2).
Die Schmutzteilchen werden zerkleinert und verteilen sich in der Waschlauge. Da sich die Teilchen elektrostatisch abstoßen, können sie sich nicht mehr zusammenlagern und bleiben in der Schwebe. Sie werden von der Waschlauge getragen und mit dem Spülwasser entfernt (Phase 3). Durch die vorhandene elektrische Aufladung der Gewebeoberfläche wird eine erneute Schmutzablagerung verhindert (Abb. 3 und 4).

1

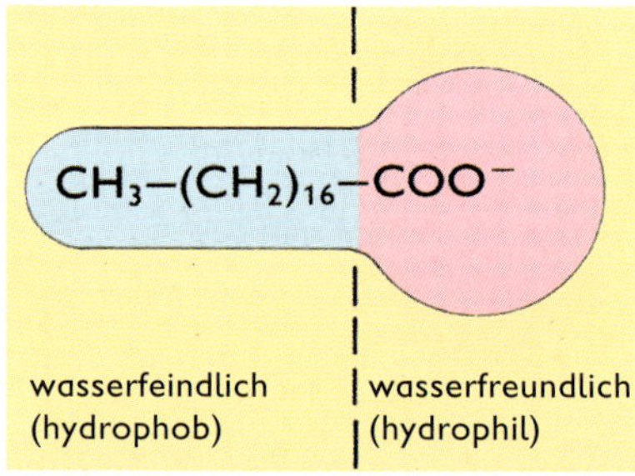

2

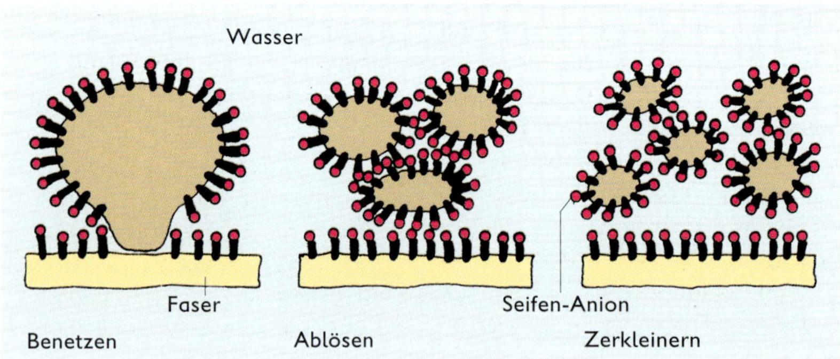

3

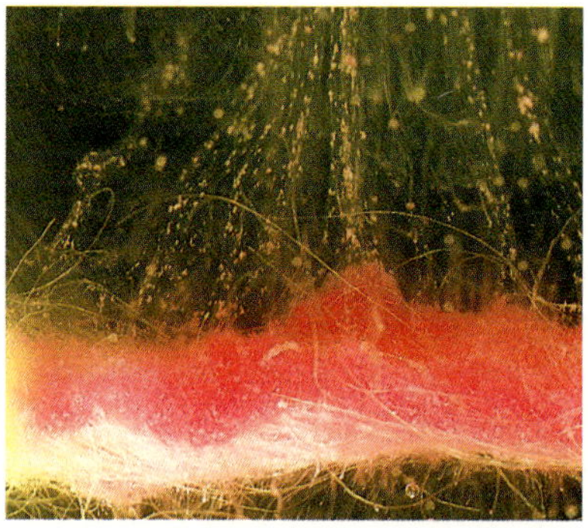
4

Waschmittel

Bestandteile von Waschmitteln. Die Nachteile der Seifen als Waschmittel (z. B. alkalische Reaktion der Lösung und Bildung von Kalkseifen bei hartem Wasser), die Vielfalt der Textilfaserstoffe, der Einsatz von Waschmaschinen und ein zunehmendes Umweltbewusstsein beim Verbraucher erfordern eine ständige Weiterentwicklung der Waschmittel (Abb. 5).
Gegenwärtig befinden sich 250 verschiedene Waschmittel im Handel, darunter Voll- und Feinwaschmittel, Color- und Wollwaschmittel, Kompakt- und Baukastenwaschmittel sowie Waschmittel-Tabs.

5

Folgende Hauptbestandteile sind in Waschmitteln enthalten: Als **waschaktive Substanzen** dienen **Tenside.** Tenside sind synthetisch hergestellte Substanzen, deren Wirkung modellhaft mit den Seifen-Anionen verglichen werden kann. **Gerüstsubstanzen** dienen der Enthärtung des Wassers, indem sie Calcium- und Magnesium-Ionen entfernen. **Bleichmittel** bewirken die Fleckenbeseitigung sowie die Abtötung bakterieller Keime. Weiterhin sind verschiedene **Hilfsstoffe** enthalten. Enzyme entfernen u. a. unlösliche Eiweißverschmutzungen, optische Aufheller erhöhen den Weißheitsgrad. Schmutzbindende Stoffe verhüten das Vergrauen der Textilien, Parfümöle verleihen der Wäsche einen angenehm frischen Duft. Inhibitoren regulieren die Schaumbildung und vermindern das Verfärben der Wäsche, da sie eine Farbübertragung unterbinden. Korrosionsschutzstoffe helfen, Schäden an Waschmaschinenteilen zu verhindern (Abb. 5).

Waschmittel und Umwelt. Der erhöhte Verbrauch an Waschmitteln (1982: 18 Mio t, 1997: 20 Mio t Waschmittel weltweit) und die Forderung nach immer größerer Wirksamkeit führten zu einer zunehmenden Gewässerbelastung; die Waschmittelrückstände konnten nicht mehr vollständig durch die Mikroorganismen des Wassers abgebaut werden. Schaumberge auf den Gewässern zeigten nicht abgebaute Tenside an. Heutige Tenside müssen innerhalb von drei Wochen durch Mikroorganismen in Kläranlagen zu mindestens 80 % abgebaut sein. Deshalb dürfen Tensidabwässer auf keinen Fall direkt in die Gewässer gelangen. Obwohl gesundheitlich unbedenklich, verursachen Phosphate in Flüssen und Seen ein explosionsartiges Algenwachstum, das „Wasserblühen". Zum bakteriellen Abbau der Algen benötigter Sauerstoff wird dem Wasser entzogen und fehlt den Fischen und anderen Lebewesen. Das kann zum Fischsterben und letztlich zum Absterben des Gewässers führen, das Gewässer „kippt um". Seit 1990 werden in der Bundesrepublik nur noch phosphatfreie Waschmittel verkauft. Als Enthärter dienen u. a. bestimmte Silicate, die als Zeolithe bezeichnet werden. In flüssigen Waschmitteln sind Seifen zum Enthärten des Wassers enthalten.
Neben der Produktion möglichst umweltverträglicher Waschmittel durch die Industrie kann jeder Verbraucher selbst wichtige Beiträge zu geringer Umweltbelastung beim Waschmitteleinsatz leisten. Dazu gehören: Nutzen von Energie und Wasser sparenden Waschmaschinen, Ausnutzen des vollen Fassungsvermögens der Waschmaschine, Waschen bei möglichst niedrigen Temperaturen. Der Stromverbrauch von 90-°C-Wäsche liegt doppelt so hoch wie der von 60-°C- und viermal höher als bei der 40-°C-Wäsche. Außerdem ist der Kalkausfall bei 40 °C wesentlich geringer als bei höheren Temperaturen. Weiterhin gehören dazu: Verzicht auf Vorwaschen normal verschmutzter Wäsche, exaktes Dosieren entsprechend der Wasserhärte (Abb. 6), Verzicht auf Vollwaschmittel zugunsten von Fein-, Kompakt- oder Baukastenwaschmitteln (hierbei werden die einzelnen Waschmittelkomponenten selbst zusammengestellt), Verzicht auf Weichspüler und andere Waschhilfsmittel, Recycling der leeren Waschmittelverpackungen.

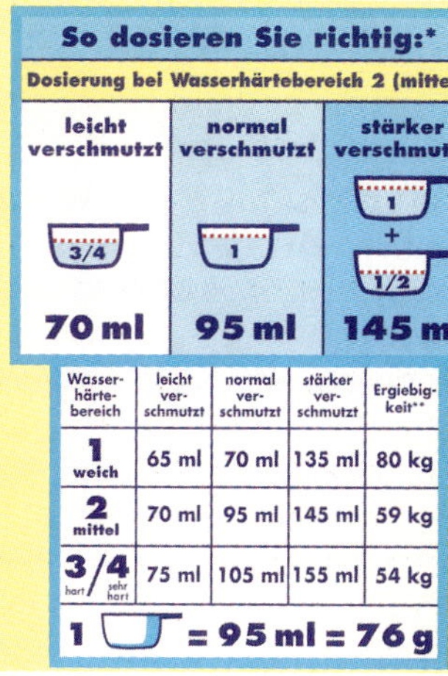

6

AUFGABEN

1. Entwickeln Sie Reaktionsgleichungen in Ionenschreibweise für folgende Reaktionen einer Kernseifenlösung:
   a) alkalische Reaktion,
   b) Reaktion mit hartem Wasser,
   c) Reaktion mit einer Säurelösung.
2. Nennen Sie nachteilige Eigenschaften von Seife im Vergleich zu Waschmitteln.
3. Beim Baden ohne Badeschaum bilden sich in der Wanne oft Schmutzränder. Worauf ist das zurückzuführen?
4. Erläutern Sie die Aufgaben von Proteasen und Lipasen in Vollwaschmitteln.
5. Waschmittellösungen dürfen nicht direkt in Gewässer gelangen, sondern müssen mit dem Abwasser in Kläranlagen behandelt werden. Schätzen Sie diesen Sachverhalt ein.
6. Nennen Sie Möglichkeiten, wie der Verbraucher bei Verwendung von Waschmitteln die Umwelt möglichst gering belastet.

Projekt

Wir waschen Wäsche – aber womit?

Wir stellen uns ein Projektthema. Immer wieder kommt es vor, dass man sich die Kleidung beschmutzt. Ein Hamburger hinterließ auf T-Shirt und Hose unangenehme Fett- und Ketschupflecken. Grasflecken auf der Hose waren das Ergebnis des gemütlichen Liegens auf einer Wiese. Das Fruchteis schmeckte zwar gut, aber hinterließ farbige Flecken auf dem Rock.
Was ist nun zu tun? Wie bekommt man die Flecken wieder weg? Diese und weitere Probleme können Sie durch die Bearbeitung eines Projektes lösen, bei dem Sie die Vorgänge des Waschens genau untersuchen.

Wir sammeln Fragen zum Thema des Projekts. Schon das Thema enthält eine Frage. Damit Sie aber das Projektthema umfassend bearbeiten können, sollten Sie überlegen, welche weiteren Fragen zu dieser Thematik gehören könnten und Sie interessieren. Schreiben Sie jede Frage auf ein Blatt Papier. Sammeln Sie nach einiger Zeit die Papiere ein und pinnen Sie diese an eine Tafel. Am Ende könnte an der Tafel eine Übersicht mit allen Fragen entstanden sein, beispielsweise:
Warum waschen wir die Wäsche?
Warum waschen wir unsere Kleidung nicht mit Seife? Können wir die Wäsche mit Seife nicht richtig waschen?
Warum gibt es so viele Waschmittel (Abb. 1)?
Können wir jede Textilart mit dem gleichen Waschmittel waschen? Welches ist das beste Waschmittel?
Warum strahlt weiße Wäsche nach dem Waschen?
Wie lassen sich Fettflecken, Farbverschmutzungen und Eiweißflecken beim Waschen entfernen?
Was geschieht mit den Waschmitteln, die nach dem Waschen in das Abwasser gelangen? Belasten sie die Umwelt?
Seit wann gibt es Waschmittel und wie und womit haben die Menschen früher ihre Wäsche gewaschen?

Wir planen die Projektdurchführung. Zur Bearbeitung der Fragestellungen sollten Sie Arbeitsgruppen bilden (Abb. 2).
Damit Sie sich für eine Gruppe entscheiden können, sollte vorher festgelegt werden, welche Arbeiten von den einzelnen Gruppen zu erledigen sind. Überlegen Sie sich dazu selbst Möglichkeiten, z. B.:
Wie können Sie ermitteln, warum Wäsche gewaschen wird?
(Prüfen des Geruchs verschmutzter Kleidung, Betrachten von Wäscheschmutz mit der Lupe, Auswerten von Übersichten zu Schmutzarten und Schmutzbestandteilen, Befragungen von Mitschülern durchführen, Waschhäufigkeiten in der Familie ermitteln)
Wie können Sie ermitteln, warum heute Textilien nicht mehr mit Seife gewaschen werden? (Lehrbuch nutzen, Experimentieranleitungen lesen, Geräteanordnungen aufbauen, entsprechende Experimente mit verschiedenen Seifen und Waschmitteln durchführen, Beobachtungen auswerten und miteinander vergleichen)

1
Verschiedene Waschmittel

Schon gewusst?

Die tägliche Schweißbildung beträgt beim Menschen etwa 0,5 bis 1 l, bei Schwerstarbeit bis zu 15 l.

Zusammensetzung des menschlichen Schweißes

Inhaltsstoffe	Massenkonzentration in g/l
Natriumchlorid	2 bis 5
Kaliumsalze	0,3 bis 0,5
Calciumsalze	0,04 bis 0,08
Stickstoffverbindungen (aus Harnstoff und Eiweißabbauprodukten)	0,3 bis 1,6
verschiedene Alkohole und Fettsäuren, Fette	2 bis 5
Wasser	Rest

Wie können Sie ermitteln, welches Waschmittel das beste für den jeweiligen Zweck ist? (Waschmittelarten – Abb. 3 und 4 – sammeln, z. B. Listen aller Waschmittel eines Supermarkts zusammenstellen, Inhaltsangaben vergleichen und feststellen, wodurch sich die Waschmittel hinsichtlich ihrer Inhaltsstoffe unterscheiden, Eltern und Großeltern befragen, mit welchen Waschmitteln sie waschen und warum sie gerade diese Waschmittel verwenden, verschmutzte Wäsche aus unterschiedlichem Fasermaterial mit verschiedenen Waschmitteln waschen und Ergebnisse vergleichen)
Wie können Sie ermitteln, wie die Waschmittelinhaltsstoffe auf verschiedene Wäscheverschmutzungen wirken? (Experimentieranleitungen lesen, Experimente mit verschiedenen Seifen und Waschmitteln durchführen, Beobachtungen auswerten und vergleichen, Erfahrungen von Eltern und Großeltern erfragen)
Wie können Sie ermitteln, welche Waschmittelinhaltsstoffe in das Abwasser gelangen und ob diese die Umwelt belasten?
(Eigenschaften benutzter Waschmittellösung von der Handwäsche oder aus der Ablauge einer Waschmaschine experimentell untersuchen; Angaben vom Landesumweltamt, von Ökoinstituten und Waschmittelherstellern beschaffen und auswerten; eigenes Verbraucherverhalten ermitteln)
Welche Informationsquellen sollten Sie nutzen?
(Lehrbücher, Fachbücher, Zeitungsartikel, Fernsehbeiträge, Anrufen der Service-Nummer der Waschmittelhersteller)

2

3
Kompaktwaschmittel

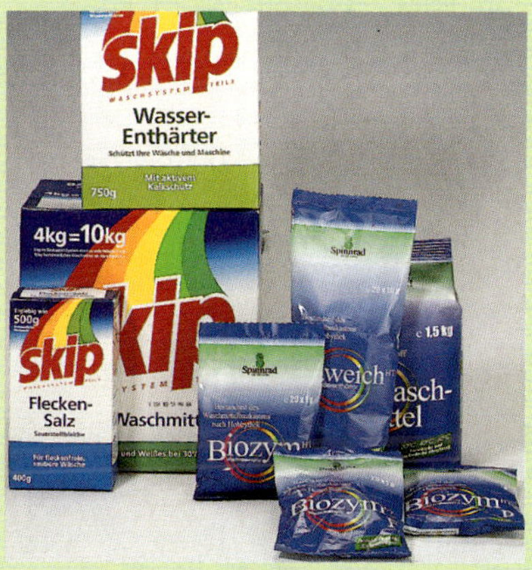

4
Baukastenwaschmittel

Wir arbeiten in Projektgruppen. Nun bearbeitet jede Gruppe ihre Thematik. Mitglieder einer Gruppe studieren Literatur und fertigen Übersichten über die Ziele des Waschens an. Sie nutzen auch die Informationen aus „Schon gewusst?" und des Lehrbuchkapitels „Seifen und Waschmittel" (↗ S. 66 ff.). Eine andere Gruppe erfasst Inhaltsangaben von Waschmitteln. Sie ermittelt gleiche und unterschiedliche Inhaltsstoffe in verschiedenen Waschmitteln. Einige Schüler werten die Befragungen bei Eltern und Bekannten zu Waschgewohnheiten aus. Andere Gruppen untersuchen Eigenschaften verschiedener Seifen und Waschmittel. Sie nutzen die im Lehrbuch vorgestellten Experimente (↗ S. 66 f. und Experimente 1 bis 7, S. 72 f.).

Schon gewusst?

Der Schmutzanteil bei normal verschmutzter Wäsche liegt bei etwa 1,8 ··· 4 % des Wäschegewichtes. Enthalten sind 25 ··· 30 % Pigmente aus Staub, Asche, Ruß und Erde; etwa 20 % Eiweiß aus Hautschuppen, Blut, Ei, Milch und Kakao; etwa 20 % Kohlenhydrate aus Kartoffeln, Mehl, Soßen und Faserresten; etwa 15 bis 20 % Kochsalz und Harnstoff aus Schweiß, Urin und Speiseresten; etwa 10 % Fette aus Speisen, Hautfett und Kosmetika sowie Farbstoffe aus Obst, Gras, Kaffee, Tee, Wein und Fruchtsäften. Nicht sichtbarer Wäscheschmutz ist Keimschmutz, z. B. Bakterien. Er wird als lebender Schmutz bezeichnet (↗ Tabelle).

Verschmutzte Wäscheart	Keime je Gramm Wäsche
Damenblusen	10^2 bis 10^4
Herrenhemden	10^4 bis 10^8
Unterwäsche	10^5 bis 10^7
Geschirrtücher	10^8
Socken	10^9

Wir führen Experimente durch. Zur Beantwortung der Fragen nach den Eigenschaften von Seifen und Waschmitteln und der Wirkung verschiedener Waschmittelinhaltsstoffe lassen sich viele Experimente durchführen. Nutzen Sie dazu verschiedene Experimentierbücher. Auch die Experimentbeschreibungen auf Seite 66 (Exp. 1 bis 3) und die folgenden können Ihre Fragen beantworten helfen.

Experiment 1
Untersuchen Sie den Einfluss von hartem Wasser auf Seifen- und Waschmittellösungen!
Versetzen Sie Lösungen von Kernseife, Schmierseife (Abb. 2) und verschiedenen Waschmitteln mit destilliertem Wasser und mit hartem Wasser. Schütteln Sie die Lösungen und lassen Sie diese danach etwa 2 min ruhig stehen. Erfassen Sie die Beobachtungen in Form einer tabellarischen Übersicht.

Experiment 2
Ermitteln Sie die pH-Werte von Seifen- und Waschmittellösungen!
Stellen Sie 1%ige Lösungen von Kernseife, Schmierseife und verschiedenen Waschmitteln her. Stellen Sie den pH-Wert der Lösungen mit einem pH-Meter oder einem geeigneten Farbindikator fest. Erfassen Sie die Ergebnisse in einer Übersicht!
Ziehen Sie aus den Ergebnissen von Experiment 1 und 2 Schlussfolgerungen für die Verwendung der Lösungen zum Wäschewaschen.

Experiment 3
Prüfen Sie die bleichende Wirkung von Seifen- und Waschmittellösungen!
Färben Sie verschiedene Textilstücke mit Farbstoffen, z. B. Rote Bete, Tinte, Lippenstift und Farbindikatoren (Abb. 1). Zerschneiden Sie die Textilstücke nach dem Trocknen in mehrere Teile. Geben Sie die Stücke in 1%ige Lösungen von Kernseife, Schmierseife und verschiedenen Waschmitteln und tauchen Sie diese mit einem Glasstab öfter unter. Vergleichen Sie die Ergebnisse nach etwa 10 bis 15 min. Untersuchen Sie die Bleichwirkung auch bei unterschiedlichen Temperaturen.
Tragen Sie die Ergebnisse in eine Tabelle ein.

2 Kernseife und Schmierseife

Schon gewusst?

Farbige Verschmutzungen können durch Seife oder die Tenside in den Waschmitteln kaum entfernt werden. Das betrifft besonders Flecken von Obst, Gemüse, Fruchtsäften, Rotwein, Kaffee, Tee, Gewürzen, Kosmetika, Farbtinten und chlorophyllhaltigen Pflanzenteilen, wie Gras (Abb 1). Farbverschmutzungen können durch in Waschmitteln enthaltene Bleichmittel aufgehellt oder völlig entfernt werden. Bleichmittel zerstören durch Oxidation die Farbstoffe. Als Bleichmittel dienen meist Natriumperborat oder Natriumpercarbonat. Diese Stoffe entwickeln bei hohen Waschtemperaturen bleichaktiven Sauerstoff. Man spricht daher auch von Sauerstoffbleiche. Damit Bleichmittel schon bei niedrigen Temperaturen wirken, setzt man Waschmitteln Bleichaktivatoren zu. Bei der Angabe der Inhaltsstoffe der Waschmittel werden sie als TAED bezeichnet.

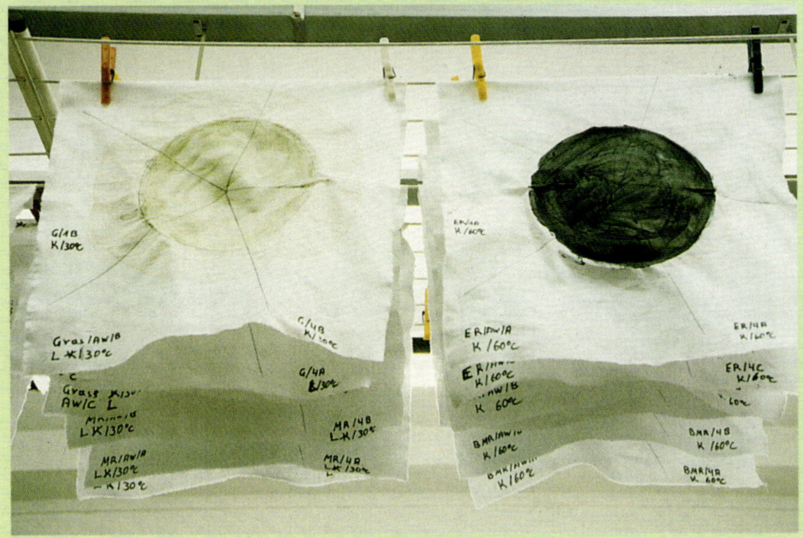
1 Verschmutzte Wäschestücke

Experiment 4

Prüfen Sie Waschmittel, ob sie Perborat als Bleichmittel enthalten!

Erhitzen Sie vorsichtig 0,5 g Waschmittelpulver im Reagenzglas mit 2 ml Ethanol (F) und 3 Tropfen konzentrierter Schwefelsäure (C). Entzünden Sie die entweichenden Dämpfe mit einem brennenden Span!

Welche Waschmittel enthalten Perborat?

Warum enthalten nicht alle Waschmittel ein Bleichmittel?

Experiment 5

Prüfen Sie Waschmittel, ob sie Proteasen enthalten!

Reiben Sie weiße Textilstücke mit gekochtem Eidotter ein. Geben Sie die Textilstücke in Bechergläser mit verschiedenen Waschmittellösungen sowie in destilliertes Wasser. Betrachten Sie die Textilstücke nach einer Stunde.

Welches Waschmittel enthält Proteasen?

Wie wirken Proteasen auf Eiweißverschmutzungen?

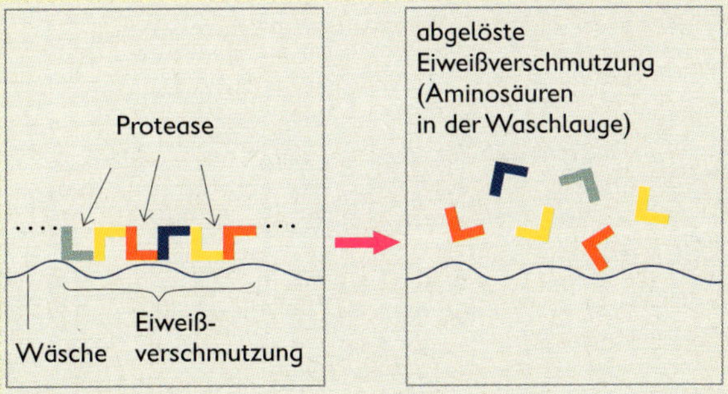

Eiweißabbau durch Proteasen (Modell)

Experiment 6

Prüfen Sie Waschmittel, ob sie Aufheller enthalten!

Bestrahlen Sie verschiedene Waschmittelproben mit einer UV-Lampe. Bringen Sie einige Tropfen verschiedener Waschmittellösungen auf Filterpapier oder weiße Tücher, die nicht schon mit Aufheller behandelt sind. Bestrahlen Sie die Tücher und das Filterpapier nach dem Trocknen mit einer UV-Lampe.

Leiten Sie aus den Beobachtungsergebnissen ab, welche Waschmittel einen Aufheller enthalten.

Mit UV-Licht bestrahltes Tuch nach dem Waschen

Experiment 7

Prüfen Sie die Wirkung von UV-Licht auf Kastaniensaft!

Geben Sie in ein Becherglas Leitungswasser und bestrahlen Sie das Wasser mit einer UV-Lampe. Stellen Sie einige Zweige von Rosskastanien in das Becherglas und bestrahlen Sie wiederum mit einer UV-Lampe. Leiten Sie aus dem Ergebnis ab, wofür man diese Lösung verwenden könnte!

Die Projektgruppen stellen ihre Ergebnisse vor. Nach Abschluss der Arbeiten stellt jede Gruppe ihre Ergebnisse vor. Überlegen Sie, welche Informationen die Mitglieder der anderen Gruppen über Ihre Ergebnisse erhalten sollen. Überlegen Sie sich auch die Art und Weise der Ergebnisvorstellung, damit alle etwas davon haben.

Möglich wären u. a. folgende Präsentationen:

Poster zu den Zielen des Wäschewaschens, zahlenmäßige und grafische Darstellung der Befragungsergebnisse von Eltern und Großeltern zu Waschgewohnheiten früher und heute;

Darstellung der Experimentieranordnungen als Skizzen und auf Fotos, Demonstration der Experimente, Vorstellung der Beobachtungsergebnisse und der Schlussfolgerungen auf einem Arbeitsblatt, Entwicklung einer Übersicht mit Tipps und Tricks zur Fleckentfernung;

Übersicht über Waschmittelarten, Vorstellung der Inhaltsstoffe verschiedener Waschmittel, Empfehlungen für die Verwendung der verschiedenen Waschmittel auf einem Arbeitsblatt und einem Poster, Übersicht über die Umweltwirkungen der Waschmittelinhaltsstoffe.

Schon gewusst?

Das Bundesumweltamt hat die Belastung der Umwelt durch Waschmittel geprüft. Kriterien waren u. a.: Gesamtchemikalienmenge pro Waschgang, Entfernbarkeit der Inhaltsstoffe in Kläranlagen und ihre Giftigkeit gegenüber Wasserlebewesen, Sauerstoffbedarf zum Abbau der Inhaltsstoffe. Am günstigsten sind Baukastenwaschmittel. Es folgen kompakte pulverförmige Colorwaschmittel und kompakte Vollwaschmittel. Normale Pulverwaschmittel und flüssige Vollwaschmittel belasten die Umwelt am stärksten.

Aus der Welt der Chemie

Geschichte der Waschmittel

Schon im **Altertum** war die Verwendung von Seife üblich. Ägypter erhitzten Fette mit Soda, Griechen und Römer kochten ihre Wäsche mit Pottasche, während Germanen und Gallier aus Buchenholzasche und Ziegen- bzw. Rindertalg Seife gewannen. Zuerst dienten Seifen als Haarfärbe- und Reinigungsmittel und erst später als Körperwasch- und Körperpflegemittel. Nachdem sich die Seifensiederei im Mittelmeerraum zu einem blühenden Handwerk entwickelt hatte, blieb Seife bis zum Ende des **Mittelalters** ein wichtiger Handelsartikel.
Zu Beginn des **19. Jahrhunderts** änderten sich die hygienischen und die Waschgewohnheiten der Menschen so stark, dass die Seifensiedereien die gestiegene Nachfrage nicht mehr befriedigen konnten. Damit verschwand das altehrwürdige Handwerk des Seifensiedens, die industrielle Seifenproduktion entwickelte sich rasch.
Etwa zu Beginn des **20. Jahrhunderts** wurde Seifenpulver hergestellt, ein Gemisch aus Kernseifenmehl und Soda. 1907 gelangte das erste Vollwaschmittel Persil auf den Markt, das neben Seifenpulver Natrium**per**borat als Bleichmittel und Natrium**sil**icat als Stabilisator enthielt. Seife als Waschmittel wurde in den dreißiger Jahren relativ bedeutungslos und von synthetisch hergestellten Waschmitteln verdrängt. Die Zusammensetzung der Waschmittel wird heute immer mehr den Verbraucherwünschen angepasst.

Der berühmte römische Arzt *Galenus* im Jahre 120 n. Chr. über Seife als Heil- und Reinigungsmittel: „Sie macht die Haut weich und löst den Schmutz von Körpern und Kleidern."

„Alles was ich habe, trage ich bei mir." Mit solchen duftenden Bauchläden mit wohlriechenden Essenzen, parfümiertem Leder und Seife zogen früher Parfümhersteller umher. (Kupferstich von 1695)

1524 findet sich erstmals ein Hinweis über die Verwendung von Seifenschaum beim Rasieren. (Holzschnitt von *I. Amman*, 1539 bis 1591)

AUFGABEN

1. Erklären Sie, warum bei Verwendung von Seifenlösung Wäsche vergraut, Textilien aus tierischer Wolle verfilzen und die menschliche Haut angegriffen werden kann.
2. Wird eine mit Wasser gefüllte enghalsige Flasche sehr vorsichtig umgedreht, läuft kein Wasser aus. Enthält das Wasser einige Spritzer Seifenlösung, gelingt der Versuch nicht. Erklären Sie diesen Sachverhalt!
3. Beschreiben Sie die Phasen des Waschvorganges und skizzieren Sie diese modellhaft.
4. Geben Sie die wichtigsten Inhaltsstoffe von Waschmitteln, deren Funktion beim Waschen und deren Einfluss auf die Umwelt an.
5. Erkunden Sie die Funktionsweise eines Baukastenwaschmittels und geben Sie dessen Vorteile gegenüber einem gebräuchlichen Vollwaschmittel an.

Im Überblick

Seifen sind Alkalimetallsalze mittlerer und höherer Fettsäuren. Seifenlösungen setzen die Oberflächenspannung des Wassers herab, ermöglichen dadurch die Benetzung von Haut und Textilien und damit den Waschvorgang.

Waschmittel enthalten als waschaktive Substanzen Tenside. Durch Zusatz von Gerüststoffen, Bleichmitteln und Hilfsstoffen werden Waschwirkung und Gebrauchseigenschaften der Waschmittel verbessert.

Waschvorgang gliedert sich in die Phasen Benetzen von Faser und Schmutzteilchen, Ablösen der Schmutzteilchen, Zerkleinern, Suspendieren und Entfernen der Schmutzteilchen mit der Waschlauge.

Umweltbelastung durch Waschmittel können Wasserlebewesen geschädigt werden und allergische Reaktionen beim Menschen auftreten. Deshalb sollte neben der Industrie jeder Verbraucher eigene Beiträge zu einer möglichst geringen Umweltbelastung durch Waschmittelrückstände leisten.

Inhaltsstoffe	Wirkung des Inhaltsstoffes	Mögliche Einflüsse der Inhaltsstoffe auf Umwelt	Gesundheit	Wäsche
Waschaktive Substanzen	Wasserentspannung, Schmutzlösung, teilweise Schaumregulation (Seife)	z. T. schlecht abbaubar, großer Sauerstoffverbrauch im Gewässer, giftig für Fische	Erhöhung der Aufnahmefähigkeit der Haut für zahlreiche giftige Substanzen	allein unvollständige Waschwirkung, weitere Stoffe werden benötigt
Gerüststoffe	Wasserenthärtung, Unterstützung der Waschwirkung, Verhinderung von Ablagerungen	Überdüngung der Gewässer, Schwermetalle können aus dem Schlamm gelöst werden	Einschleusung von Schwermetallen in das Trinkwasser möglich	harte Wäsche bei Überdosierung
Bleichmittel	Bleichen von Obst-, Gemüse- und Rotweinflecken durch aktiven Sauerstoff	Schädigung von Pflanzen und Fischbrut durch hohen Borgehalt		Farben verbleichen, Fasern werden angegriffen
Enzyme	Beseitigen eiweiß- und fetthaltiger Flecken		Allergieauslösung möglich	

9

Aminosäuren – Eiweiße

Muskeln, Haare, Haut, Blut und Nerven von Menschen und Tieren bestehen zum großen Teil aus Eiweißen.
Auch im pflanzlichen Organismus, besonders in Pilzen und den Samen, kommen Eiweiße vor.
Welche Eigenschaften haben Eiweiße, wie sind sie aufgebaut?

Eiweiße in der Natur

Vorkommen und Bedeutung. Eiweiße sind makromolekulare, für Stoff- und Energiewechsel, die Funktionen des Blutes sowie Vermehrung und Vererbung wesentliche Naturstoffe.
Die Bezeichnung „Eiweiß" stammt von dem ersten dieser Stoffe, der genauer untersucht worden ist, dem Eiklar des Hühnereis. Eiweiße werden in der Chemie unter der Bezeichnung **Proteine** (griechisch: proteo = das Erste, Ursprüngliche) zusammengefasst. Neben den Elementen Kohlenstoff, Wasserstoff und Sauerstoff enthalten sie auch noch das Element Stickstoff, in geringen Mengen Schwefel. Eiweißhaltige Stoffe sind wichtige Nahrungsmittel der Menschen. Sie können wegen ihres Stickstoffgehaltes nicht durch andere Stoffe ersetzt werden.

Eigenschaften. Eiweiße gerinnen beim Erhitzen (Experiment 1). Bei noch stärkerer Hitze zersetzen sich Eiweiße durch **Denaturierung**. Fäulnis- und Krankheitskeime werden deshalb durch Wärmebehandlung abgetötet. Beim Zusatz von verdünnten Säuren, Ethanol oder Schwermetallsalzen (z. B. Kupfer-, Blei- und Zinnsalzen) zu Eiweißlösung tritt auch Denaturierung durch Gerinnung ein. Sie ist nicht umkehrbar (Experimente 2 und 3). Wird Eiweiß mit Alkalimetallhydroxiden erhitzt, so entweicht neben anderen Stoffen Ammoniak, das sich nachweisen lässt (Experiment 4). Ein anderer Nachweis ist die Gelbfärbung mit konzentrierter Salpetersäure (Xanthoproteinreaktion, Experiment 5).

Eiweiße sind makromolekulare, gegen Hitze und Chemikalien sehr empfindliche Naturstoffe.

Experiment 1
Erhitzen Sie Eiweißlösung vorsichtig bis zum Sieden.

Experiment 2
Versetzen Sie Eiweißlösungen mit 7%iger Salzsäure bzw. mit Ethanol (F).

Experiment 3 L
Eiweißlösung wird mit 1%igen Schwermetallsalzlösungen (teilweise Xn) versetzt.

Experiment 4
Vorsicht!
Festes Eiweiß wird mit einem Plätzchen Natriumhydroxid (C) in ein Reagenzglas gegeben und erhitzt. An der Mündung des Reagenzglases wurden Streifen feuchten Universalindikator- und Bleiacetatpapiers befestigt.

Experiment 5 L
Vorsicht!
Zu Eiweißlösung, weißen Federn und festem Eiklar werden jeweils einige Tropfen 65%iger Salpetersäure (C) gegeben.

Aminosäuren als Bausteine der Eiweiße

Abbau von Eiweiß – Aminosäuren. Eiweiße lassen sich durch Hydrolyse in einfachere Stoffe spalten. Im Stoffwechsel der Organismen wirken dabei Enzyme katalytisch. Im Laboratorium ist eine Hydrolyse bei Anwesenheit von Wasserstoff-Ionen möglich, muss aber wegen der Empfindlichkeit der Eiweiße gegen Hitze und Chemikalien mit sehr großer Vorsicht durchgeführt werden. Beim Abbau von Eiweißen gelangt man zu den **Aminosäuren**.

Grundbausteine der Eiweiße sind Aminosäuren.

Aminosäuren sind Carbonsäuren, die neben der Carboxylgruppe –COOH auch die **Aminogruppe –NH₂** im Molekül enthalten. Bei den Molekülen der in Eiweißen vorkommenden Aminosäuren befindet sich stets eine Aminogruppe an dem Kohlenstoffatom neben der Carboxylgruppe. Das kann durch Nummerierung der Kohlenstoffatome von der Carboxylgruppe aus im Namen der Aminosäuren angegeben werden. Am Aufbau der Eiweiße sind demnach **2-Aminosäuren** beteiligt (Abb. 1 und 2).

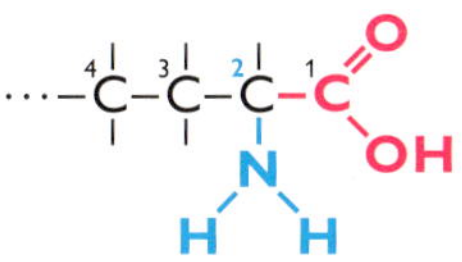

1 Funktionelle Gruppen im Molekül einer 2-Aminosäure

Peptidbindung. Zwei Aminosäuremoleküle können durch eine Peptidbindung miteinander verknüpft sein; die Carboxylgruppe der einen reagiert mit der Aminogruppe der anderen Aminosäure.

Alanin-molekülrest 1

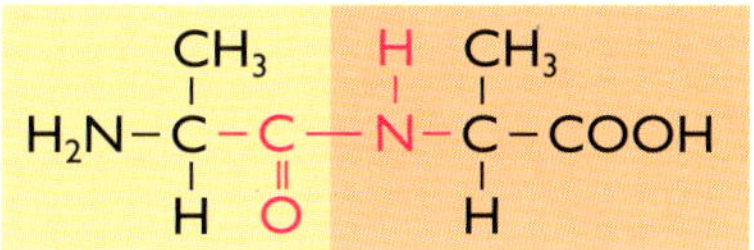

Alanin-molekülrest 2

Das Molekül des Reaktionsprodukts zwischen den beiden Aminosäuren besitzt wieder eine Carboxyl- und eine Aminogruppe, kann also mit weiteren Aminosäuremolekülen reagieren. Dabei können lange **Peptidketten** entstehen.

Strukturmerkmal der Peptidketten ist die Peptidgruppe –CO–NH–.

Je nach der Anzahl der in einem Molekül verknüpften Aminosäurereste spricht man von einem Di-, Tri- bzw. **Polypeptid**. Durch noch weitere Verknüpfung mit Aminosäuremolekülen entstehen schließlich makromolekulare **Proteine**.

In Eiweißmolekülen sind außerordentlich viele Aminosäurereste durch Peptidbindungen miteinander verknüpft.

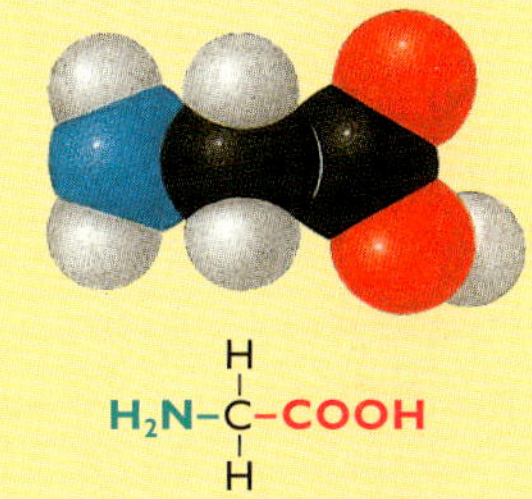

2-Aminoethansäure (Glycin; Gly) 1

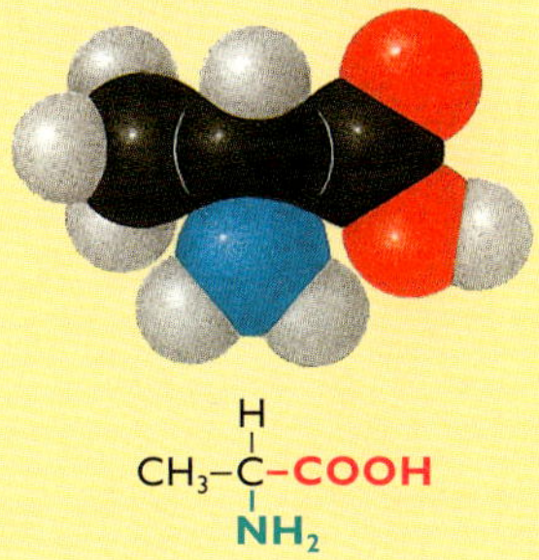

2-Aminopropansäure (Alanin; Ala) 2

Weitere Aminosäuren

Valin (Val)

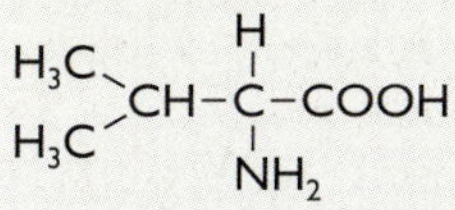

Glutaminsäure (Glu)

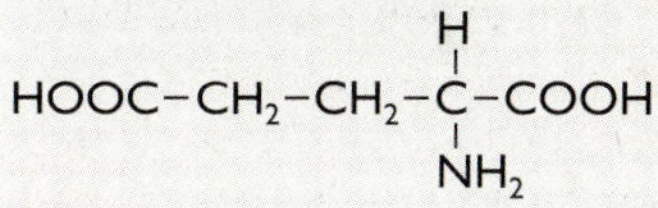

AUFGABEN

1. Nennen Sie Beispiele für eiweißhaltige Nahrungsmittel.
2. Viele Schwermetallsalze sind Gifte. Begründen Sie das!
3. Erläutern Sie die Wirkung des Erhitzens beim Konservieren von Lebensmitteln.
4. Belegen Sie am Beispiel der Eiweißgerinnung, dass gleichartige chemische Reaktionen sowohl zur Gesunderhaltung des Menschen dienen als auch den Organismus schädigen können.

Bau der Eiweißmoleküle. Das Grundgerüst der Eiweißmoleküle sind Peptidketten, die aus verschiedenen 2-Aminosäuren aufgebaut sind. Beim vorsichtigen Abbau der verschiedensten Eiweiße werden die Peptidbindungen durch Aufnahme von Wasser, also durch Hydrolyse, gespalten. Dabei treten stets die gleichen etwa 20 Aminosäuren als Bausteine der Makromoleküle auf. Da diese wenigen Aminosäuren aber in den Peptidketten sehr unterschiedlich angeordnet sein können, ergibt sich eine sehr große Anzahl verschiedener Kombinationsmöglichkeiten (Übersicht) und damit auch verschiedener Eiweiße mit jeweils anderen Eigenschaften. Jedes Lebewesen besitzt spezifische **arteigene Eiweiße**.

Einige Eiweiße enthalten in ihren Molekülen noch andere Gruppen als Aminosäurereste. Eiweiße in den Zellkernen haben in ihren Molekülen beispielsweise Phosphorsäurereste. Das Hämoglobinmolekül enthält ein Ringsystem mit einem Fe^{2+}-Ion, das für die Blutfarbe und den Sauerstofftransport im Blut wesentlich ist. Durch schrittweisen Abbau ist es gelungen, die Anordnung der Molekülreste von 2-Aminosäuren in bestimmten Eiweißmolekülen zu ermitteln. Zuerst konnte im Jahre 1954 die Struktur des Hormons **Insulin** aufgeklärt werden. Inzwischen ist es gelungen, das Insulin synthetisch aus den entsprechenden Aminosäuren aufzubauen. Auch andere Eiweiße, beispielsweise das **Hämoglobin**, sind inzwischen in ihrer Struktur erforscht worden.

Penicilline schwächen Krankheitserreger oder vernichten sie (Antibiotika). Die ursprünglich aus Schimmelpilzen gewonnenen Penicilline werden nach Aufklärung der Struktur (Abb. 2) seit 1957 auch synthetisch hergestellt.

Eiweiße im Stoffwechsel

Von den Lebewesen aufgenommenes Eiweiß wird unter Einwirkung entsprechender Enzyme hydrolytisch gespalten. Die dabei entstehenden Spaltprodukte, vor allem Peptide und 2-Aminosäuren, können anschließend wieder zu körpereigenem Eiweiß aufgebaut werden. Einige Aminosäuren kann der menschliche Körper selbst synthetisieren, andere, so genannte essentielle Aminosäuren wie beispielsweise Glutaminsäure, müssen dem Körper mit der Nahrung zugeführt werden.

Die genaue Kenntnis der Struktur und der Eigenschaften von Eiweißen, insbesondere der Rolle im Stoffwechsel der Organismen, ist von besonderer Bedeutung für die Medizin, die Ernährungswissenschaften, die Landwirtschaft und viele andere Bereiche. Schon die fehlerhafte Anordnung oder das Fehlen eines Grundbausteins in der Peptidkette kann Störungen des Stoffwechsels und Krankheiten bewirken.

In eiweißhaltigen Nahrungsmitteln bilden sich bei unsachgemäßer Behandlung und Lagerung unter dem Einfluss von Mikroorganismen, Feuchtigkeit und Wärme giftige Zersetzungsprodukte. Sie können zu schweren Erkrankungen wie Fleisch-, Fisch- und Pilzvergiftungen und sogar zum Tode führen. Eine andere, besonders schwere Art von **Pilzvergiftung** bewirken „Giftpilze“ wie Knollenblätterpilz, Pantherpilz, Frühlingsmorchel, die selbst sehr gefährliche Gifte enthalten.

Vielfalt der Kombinationen

Tripeptide aus Alanin und Glycin ($2^3 = 8$ Möglichkeiten)

Gly-Gly-Gly	Gly-Gly-Ala
Gly-Ala-Gly	Ala-Gly-Gly
Ala-Ala-Ala	Ala-Ala-Gly
Ala-Gly-Ala	Gly-Ala-Ala

Für ein Peptid mit 10 Molekülresten von 3 verschiedenen Aminosäuren ergeben sich $3^{10} = 59049$ Möglichkeiten.

1

Emil Fischer (1852 bis 1919) war Professor für Chemie in Berlin. Er ist der Begründer der modernen Biochemie in Deutschland. Ihm gelang es, Eiweiße schonend zu hydrolysieren und den Aufbau aus 2-Aminosäuren nachzuweisen. Für seine überragenden Leistungen erhielt *E. Fischer* 1902 den *Nobel*preis für Chemie.

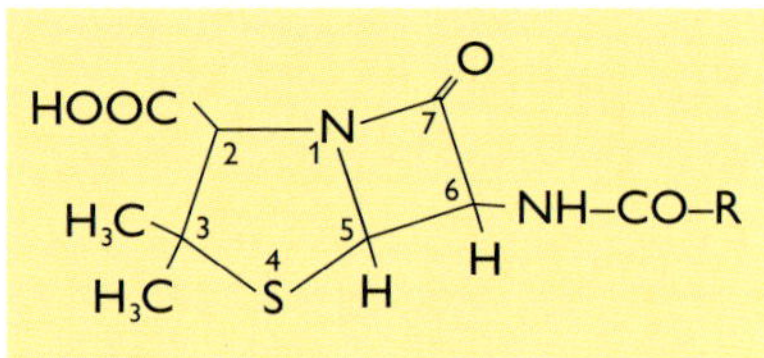

2

Grundbaustein der Penicciline (6-Aminopenicillansäure) Einzelne Penicilline haben an der Peptidbindung bei R unterschiedliche Reste angelagert.

AUFGABEN

1. Vergleichen Sie die Aminogruppe mit anderen funktionellen Gruppen.
2. Vergleichen Sie an Beispielen die Strukturmerkmale eines Dipeptids und einer Aminosäure. Welche Gemeinsamkeiten und Unterschiede bestehen?
3. Werten Sie die besonderen Leistungen Emil Fischers bei der Aufklärung der Struktur von Eiweißen.
4. Entwickeln Sie die Reaktionsgleichung für die Hydrolyse des Dipeptids auf Seite 77.
5. Linol- und Linolensäure sowie einige Aminosäuren sind essentiell. Was heißt das für die Ernährung?
6. Begründen Sie, warum bei der Ermittlung der Kombinationsmöglichkeiten von Aminosäuren rechts und links in der Strukturformel nicht vertauschbar sind.
7. Warum müssen Nahrungsmittel kühl und trocken gelagert werden?
8. Ermitteln Sie die molaren Massen
   a) des Dipeptids aus zwei Alaninmolekülen auf Seite 77 und
   b) der Tripeptide in den Beispielen für Kombinationsmöglichkeiten in der Tabelle auf Seite 78.
9. Vergleichen Sie die Hydrolyse von Fetten und Eiweißen.
10. Warum darf eine zubereitete Pilzmahlzeit nicht über Nacht aufbewahrt werden?
11. Sammeln Sie Material über giftige und ungenießbare Pilze.
12. Bereiten Sie mit Mitschülern eine kleine Ausstellung über die Gefahren einer Pilzvergiftung und die notwendigen Hilfsmaßnahmen in einem solchen Fall vor.

Im Überblick

Makromolekulare Stoffe
(aus vielen Grundbausteinen aufgebaute Stoffe)

Natürliche makromolekulare Stoffe
z. B.: Eiweiße

Synthetische makromolekulare Stoffe
z. B.: Polyethylen

Aminosäuren	Chemische Verbindungen mit mindestens einer Carboxyl- und einer Aminogruppe im Molekül
Eiweiße	Makromolekulare Naturstoffe in tierischen und pflanzlichen Organismen, aufgebaut aus den Elementen Kohlenstoff, Wasserstoff, Sauerstoff, Stickstoff, teilweise auch Schwefel Grundbausteine sind Aminosäuren, die durch vorsichtige Hydrolyse von Eiweiß gewonnen werden können Stark hitze- und chemikalienempfindliche Stoffe Bindung zwischen den Grundbausteinen: Peptidbindung durch Wasseraustritt zwischen einer Carboxyl- und einer Aminogruppe
Eiweiß im Stoffwechsel	Hydrolytische Spaltung der Eiweiße bis zu Aminosäuren unter Einwirkung von Enzymen Transport der Spaltprodukte im Körper Aufbau körpereigener Eiweißstoffe

10

Kohlenhydrate

Ein Supermarkt bietet eine kaum überschaubare Fülle verschiedenster Nahrungsmittel. Was sind wichtige Nährstoffe für die Menschen? Wie werden diese von unserem Körper verarbeitet? Welche Stoffe sind in den Nahrungsmitteln enthalten? Welche Bedeutung haben Kohlenhydrate?

Kohlenhydrate in der Natur

Nährstoffe. Ein Hauptmerkmal des Lebens aller Organismen ist der Austausch von Stoffen mit ihrer Umgebung. Dieser Stoffwechsel dient dem Aufbau ihres Körpers sowie der Gewinnung notwendiger Energie für die Lebensvorgänge.
Vom Menschen aufgenommene Stoffe wie Nahrungsmittel, Sauerstoff und Wasser verarbeitet der Körper in einer Vielzahl chemischer Reaktionen unter Einwirkung von Enzymen. Vom Körper nicht mehr benötigte Stoffe werden ausgeschieden, beispielsweise Ballaststoffe, überschüssiges Wasser und Kohlenstoffdioxid.
Für den Erhalt der Lebensfunktionen unseres Körpers sind Fette, Eiweiße und Kohlenhydrate als Nährstoffe wichtig (Abb. 1).
Die in vielen tierischen und pflanzlichen Nahrungsmitteln enthaltenen Fette sind Ester aus Glycerin und gesättigten sowie ungesättigten Fettsäuren (↗ S. 61 ff.). Eiweiße sind aus Aminosäuren aufgebaute Makromoleküle. Ergänzend zu den Fetten enthalten sie auch die für die Körperfunktionen wichtigen Elemente Stickstoff und Schwefel (↗ S. 76 ff.).
Eine dritte große Gruppe von Nährstoffen für den Menschen sind die Kohlenhydrate, die vor allem in pflanzlicher Nahrung vorkommen. Dazu gehören verschiedene Zuckerarten und Stärke in Getreide, Kartoffeln und Gemüsen.
Wie die Fette bestehen die Kohlenhydrate nur aus den Elementen Kohlenstoff, Wasserstoff und Sauerstoff, weisen aber andere Strukturen und Eigenschaften auf.

Wichtige Nährstoffe für den Menschen sind Eiweiße, Fette und Kohlenhydrate.

1 Ein gesundes Frühstück

2 Traubenzucker (Glucose) als Energiespender

Glucose und Saccharose

Vorkommen und Eigenschaften von Glucose. Traubenzucker (Glucose) kommt besonders in süß schmeckenden Früchten und Honig, aber auch in vielen pflanzlichen und tierischen Organen vor. Glucose entsteht bei der Photosynthese in Pflanzen (Abb. 3). Sie ist energiereich und leicht transportierbar und am Stoffwechsel von Menschen, Tieren und Pflanzen beteiligt. Im Blut wird Glucose an alle Stellen des Körpers befördert. Menschliches Blut soll 0,07 ··· 0,12 % Glucosegehalt aufweisen. Zu viel Blutzucker tritt bei der Zuckerkrankheit (Diabetes) auf. Glucose (Abb. 2) ist weiß, kristallin und in Wasser gut löslich. Sie schmeckt süß und lässt sich zu Ethanol vergären (↗ S. 42 f.).

Glucose – ein Kohlenhydrat. Die Summenformel von Glucose lautet $C_6H_{12}O_6$. Schreibt man diese Formel $C_6(H_2O)_6$, so wird deutlich, dass die Elemente Wasserstoff und Sauerstoff wie beim Wassermolekül im Atomzahlenverhältnis 2 : 1 vorliegen. Davon leitet sich die Bezeichnung **Kohlenhydrate** für eine große Gruppe ähnlich zusammengesetzter Naturstoffe ab. Da viele dieser Stoffe süß schmecken, werden sie auch **Saccharide** genannt.

Bau der Glucose. Die Strukturformel des Glucosemoleküls zeigt die Merkmale eines 5-wertigen Alkohols mit einer Aldehydgruppe am endständigen Kohlenstoffatom. Glucose kann deshalb Ester bilden und mit *fehling*scher Lösung und ammoniakalischer Silbernitratlösung reagieren (Experimente 1 und 2). Die für Aldehyde ebenfalls typische Reaktion mit fuchsinschwefliger Säure tritt aber nicht ein (Experiment 3), denn viele Glucosemoleküle liegen nicht in der Ketten-, sondern in einer Ringform vor.

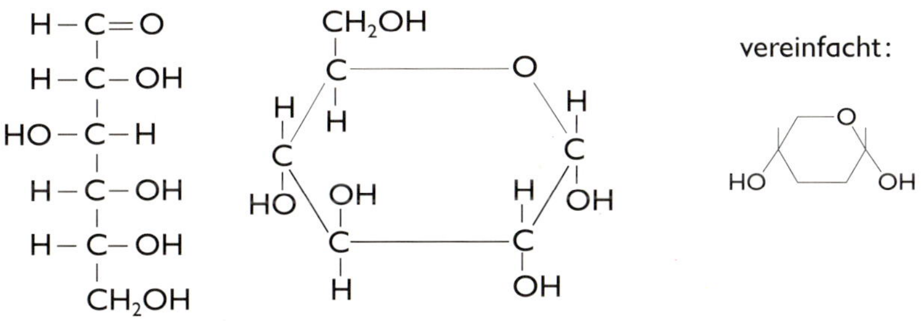

Saccharose. Der im Haushalt verwendete Zucker ist die Saccharose (Rohrzucker). Sie kommt in vielen Früchten, in größeren Anteilen im Zuckerrohr und in Zuckerrüben vor (↗ S. 82).
Saccharosemoleküle $C_{12}H_{22}O_{11}$ können durch Hydrolyse in ein Molekül Glucose und ein Molekül Fructose (Fruchtzucker) gespalten werden. Fructose hat wie Glucose die Formel $C_6H_{12}O_6$, ist aber anders aufgebaut.

$$C_{12}H_{22}O_{11} + H_2O \longrightarrow C_6H_{12}O_6 + C_6H_{12}O_6$$

Glucose und Fructose sind **Einfachzucker (Monosaccharide)**. Saccharose ist ein **Zweifachzucker (Disaccharid)**.
Ein anderes Disaccharid ist Lactose (Milchzucker) in der Milch.

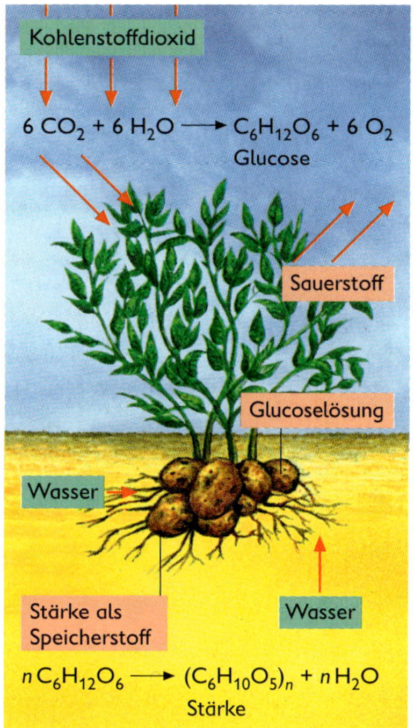

3

Experiment 1
Vorsicht! Spritzgefahr!
Erhitzen Sie eine Glucoselösung mit *fehling*scher Lösung (C).

Experiment 2
2%ige Silbernitratlösung wird mit 10%iger Ammoniaklösung (Xi) versetzt, bis sich der Niederschlag wieder löst. Nach Zugabe von Glucoselösung wird erwärmt.

Experiment 3
Versetzen Sie Glucoselösung mit einigen Tropfen fuchsinschwefliger Säure.

AUFGABEN

1. Erläutern Sie die Bedeutung der Fette als Nährstoffe.
2. Begründen Sie die Zuordnung von Saccharose und Fructose zu den Kohlenhydraten.
3. Erörtern Sie die in der Abbildung 3 dargestellten Vorgänge.

Aus der Welt der Chemie

Von der Zuckerrübe zum Würfelzucker

Während man Zucker in tropischen und subtropischen Gebieten aus dem Saft des Zuckerrohrs gewinnt, herrscht in Europa seit 1800 die **Rübenzuckerherstellung** (Abb. 4) vor.
Die Zuckerrüben werden gewaschen, geschnitzelt und mit heißem Wasser ausgelaugt. Die Rückstände sind Viehfutter. Aus dem dunklen, trüben Rohsaft sind Eiweiße und Säuren mit Calciumhydroxid (Kalkmilch) auszufällen (Abb. 5). Dabei verbindet sich ein Teil der Saccharose mit Calcium. Dieser Vorgang wird durch Zugabe von Kohlenstoffdioxid wieder rückgängig gemacht (Saturation). Ausfallender Kalkschlamm muss vom Dünnsaft getrennt und dieser dann in zwei Stufen, erst durch vorsichtiges Erhitzen (Abb. 2), später im Vakuum, eingedickt werden. Durch Zentrifugieren lassen sich schließlich die Zuckerkristalle abtrennen. Zurückbleibende Melasse ist Viehfutter oder Ausgangsstoff für die Ethanolproduktion.
Der gewonnene **Rohzucker** kann durch nochmaliges Lösen und Kristallisieren zu weißer Raffinade mit unterschiedlicher Kristallgröße verarbeitet werden. Durch Anfeuchten und Pressen entsteht Würfelzucker (Abb. 1). Der Pro-Kopf-Verbrauch an Zucker liegt in Deutschland bei etwa 7 kg im Jahr. Aber nur ein Fünftel wird direkt als Haushaltszucker zum Süßen verwendet (Abb. 3).

Geschichte des Zuckers in Europa
Bis ins Mittelalter wird nur mit Honig gesüßt.
Ab 1500 Herstellung von Zucker aus Zuckerrohr in subtropischen und tropischen Gebieten.
Um 1750 entdeckt *Marggraf* den Zuckergehalt von Rüben. Züchtung von Zuckerrüben.
1801 entsteht in Schlesien die erste Rübenzuckerfabrik unter Leitung von *Achard*.

1 Zuckererzeugnisse

2 Rohzuckertürme

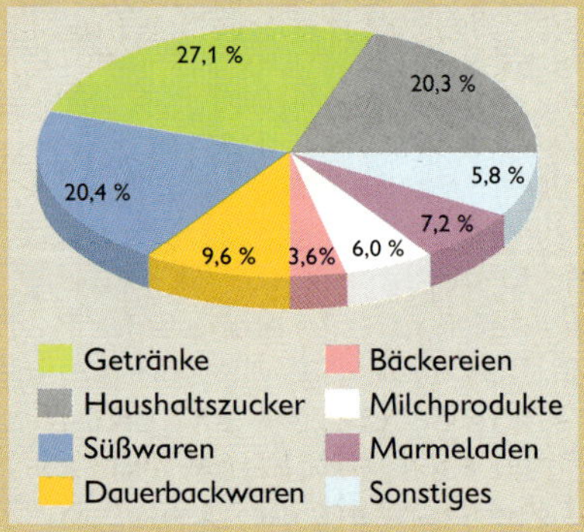

3 Verwendung von Zucker in Deutschland 1994/95

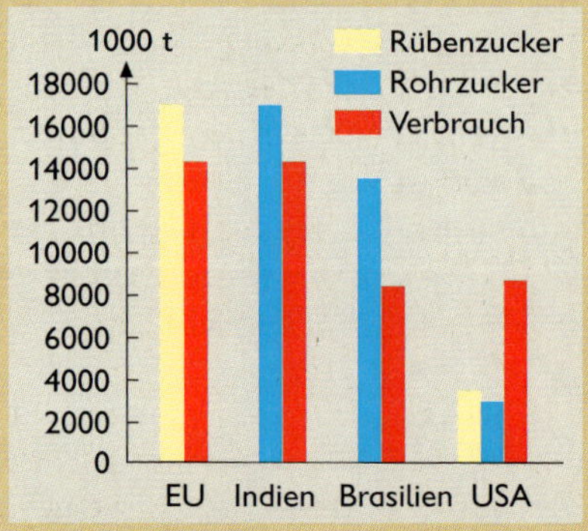

4 Zuckererzeugung und -verbrauch in einigen Teilen der Welt 1996

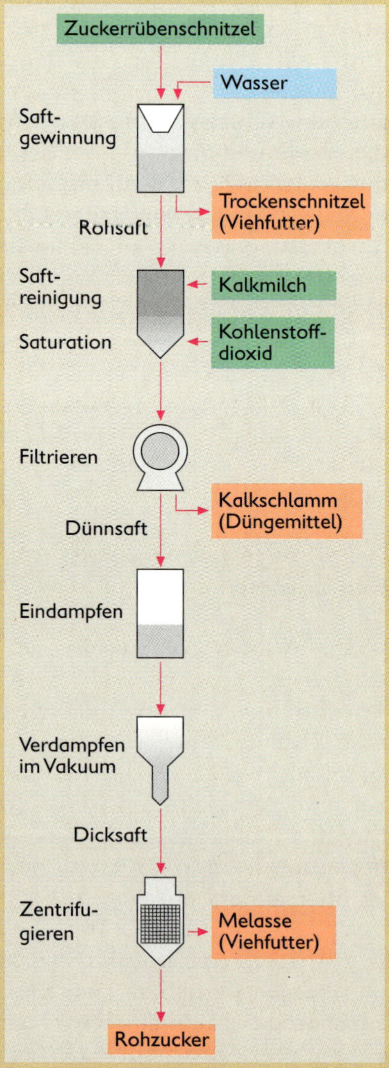

5

Stärke und Cellulose

Vorkommen und Eigenschaften von Stärke. Die Stärke $(C_6H_{10}O_5)_n$ ist ein Reservestoff der Pflanzen (Abb. 1), der in Samen und Wurzelknollen gespeichert wird (↗ S. 81, Abb. 3).
Stärke ist ein weißer fester Stoff, der mit Wasser aufquillt. Das wird zur Herstellung von Stärkekleister genutzt. Stärke von verschiedenen Pflanzen, zum Beispiel Reisstärke, Kartoffelstärke oder Stärke im Weizenmehl, unterscheidet sich in den Eigenschaften. Durch die Blaufärbung mit Iod-Kaliumiodid-Lösung kann Stärke nachgewiesen werden (Experiment 4).
Stärke reagiert nicht mit *fehling*scher Lösung (Experiment 5). Nach dem Erhitzen der Stärke mit verdünnter Säure fällt eine erneute Prüfung mit *fehling*scher Lösung positiv aus (Experiment 6). Die Stärke wird bei diesem Vorgang durch Hydrolyse in Malzzucker, ein weiteres Disaccharid, und weiter in Glucose aufgespalten.

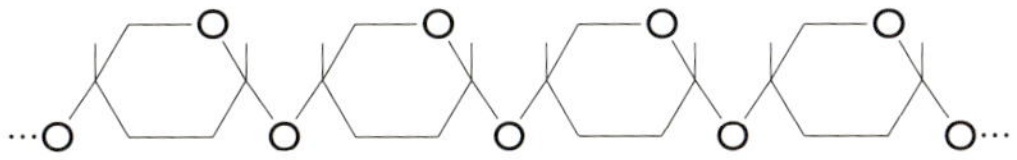

Vereinfachte Strukturformel eines Stärkemoleküls (Ausschnitt)

Stärkemoleküle sind aus vielen Glucosemolekülresten aufgebaut. Solche Kohlenhydrate heißen **Polysaccharide**. Sie bilden Makromoleküle (Riesenmoleküle). Die Größe der Stärkemoleküle ist bei den einzelnen Pflanzenarten unterschiedlich. Deshalb wird in der Formel der Glucoserest in Klammern gesetzt und mit der allgemeinen Zahl *n* gekennzeichnet: $(C_6H_{10}O_5)_n$.

Stärke im Stoffwechsel. Die Möglichkeit der Hydrolyse von Stärke ist für den Stoffwechsel der Organismen bedeutsam.
Wird ein Stück Brot einige Zeit gekaut, so tritt ein süßlicher Geschmack auf. Ein Enzym im Speichel katalysiert den Abbau der Stärkemoleküle bis zu den Molekülen einfacherer Zucker und weiter bis zu Glucosemolekülen (↗ S. 85, Experiment 9).

$$(C_6H_{10}O_5)_n + n\,H_2O \longrightarrow n\,C_6H_{12}O_6$$

Die lösliche Glucose lässt sich durch Körperflüssigkeiten leicht transportieren.

Verwendung der Stärke. Stärkehaltige Produkte (Abb. 1) sind Hauptnahrungsmittel für Menschen und viele Tiere. Reine Stärke wird für Puddingpulver, „Wäschestärke" und Klebstoffe genutzt. Durch Abbau der Stärke zu Glucose und anschließendes Vergären kann Ethanol gewonnen werden (↗ S. 42 f.).

Massenanteil von Stärke	
Reis	70 bis 80 %
Mais	65 bis 75 %
Weizen	60 bis 70 %
Roggen	60 bis 70 %
Kartoffel	17 bis 24 %

1 Stärkekörner

Experiment 4
Geben Sie zu Stärkelösung, Kartoffelscheiben, Haferflocken und auf ein Stückchen Brot Iod-Kaliumiodid-Lösung.

Experiment 5
Vorsicht! Schutzbrille!
Stärkelösung wird mit *fehling*scher Lösung (C) bis zum Sieden erhitzt.

Experiment 6
Vorsicht! Schutzbrille!
Stärkelösung wird mit 7%iger Salzsäure zum Sieden erhitzt und anschließend neutralisiert. Danach ist mit *fehling*scher Lösung (C) zu prüfen.

AUFGABEN

1. Beschreiben Sie die Vorgänge beim Stärkeabbau.
2. Entwickeln Sie die Reaktionsgleichung für die Hydrolyse von Saccharose.
3. Entwickeln Sie die Reaktionsgleichungen für die Herstellung von Ethanol aus Stärke.
4. Erfrorene Kartoffeln schmecken süß. Dieser Geschmack lässt sich durch ausreichendes Wässern weitgehend beseitigen. Erklären Sie das!
5. Bei Diabetes darf nur eine begrenzte Menge „Broteinheiten" am Tag gegessen werden. Wieso?

1

2

Cellulose. Zellwände in Pflanzen werden hauptsächlich von Cellulose gebildet. Leinen- und Baumwollfasern sind nahezu reine Cellulose, die in Wasser unlöslich und brennbar ist.
Aus stark cellulosehaltigen Pflanzenteilen, vor allem aus Holz und Stroh, kann durch Abtrennen von Begleitstoffen fast reine Cellulose (Zellstoff) gewonnen werden. Daraus lassen sich Cellulosefasern (Viskose) herstellen. **Holz** ist somit ein wichtiger nachwachsender Rohstoff. Besonders große Mengen Cellulose sind zur **Papiererzeugung** (Abb. 1, 2, 3) notwendig. Cellulose ist wie Stärke ein Polysaccharid, dessen Moleküle ebenfalls aus Glucosemolekülresten aufgebaut sind. Auch sie lässt sich hydrolytisch in Glucose spalten. Cellulose- und Stärkemoleküle haben aber sehr verschiedene Strukturen.
Die Makromoleküle von Cellulose sind fadenförmig, die von Stärke knäuelförmig angeordnet.

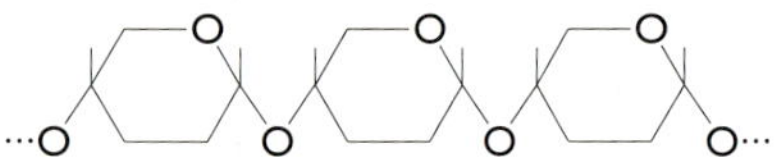
Stärkemolekül (Ausschnitt)

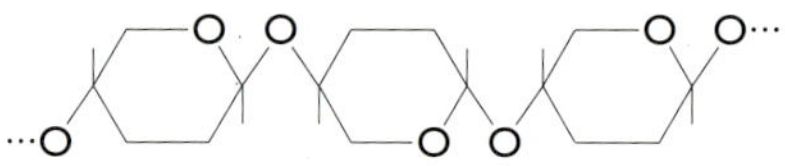
Cellulosemolekül (Ausschnitt)

Unterschiedliche Eigenschaften von Stärke und Cellulose beruhen auf der unterschiedlichen Struktur der Moleküle.

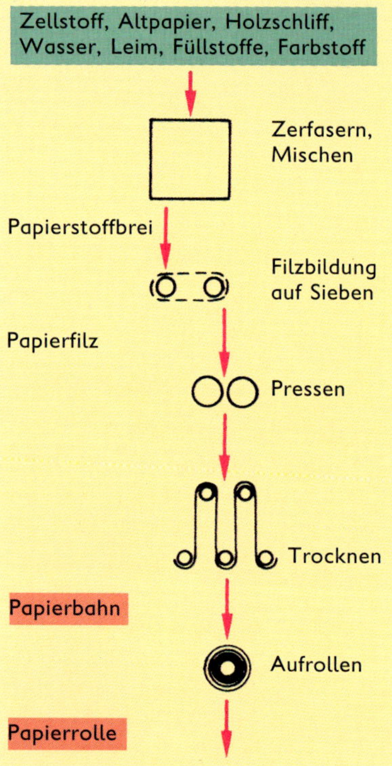

3

Kohlenhydrate im Vergleich

Kohlenhydrate	**Monosaccharid** Glucose	**Disaccharid** Saccharose	**Polysaccharide** Stärke	Cellulose
Summenformel	$C_6H_{12}O_6$	$C_{12}H_{22}O_{11}$	$(C_6H_{10}O_5)_n$	$(C_6H_{10}O_5)_n$
Molekülmasse in u	180	342	50000 bis 200000	500000 bis 2000000
Eigenschaften				
Hydrolyse	nicht möglich	zu Monosaccharid	zu Di- und Monosacchariden	zu Di- und Monosacchariden
Löslichkeit in Wasser	löslich	löslich	wenig löslich	nicht löslich
Reaktion mit *fehling*scher Lösung	möglich	möglich	nicht möglich	nicht möglich

Ernährung der Menschen

Nährstoffe. Der Mensch muss Fette, Kohlenhydrate und Eiweiße mit der Nahrung aufnehmen. **Kohlenhydrate** und **Fette** sind vor allem Energielieferanten zur Aufrechterhaltung der Körperwärme und Körperfunktionen. Sie werden über viele Zwischenstufen zu Kohlenstoffdioxid und Wasser oxidiert. Reste der Fette und Kohlenhydrate werden zu körpereigenen Stoffen umgewandelt und vor allem in Form von Fett im Gewebe gespeichert.
Die **Eiweiße** dienen dem Körper vorrangig als Baustoffe für körpereigenes Eiweiß. Nicht benötigte Eiweißbausteine können oxidiert werden. Überflüssiger Stickstoff und Schwefel werden ausgeschieden.
Eine besonders wichtige Voraussetzung für alle Stoffwechselvorgänge ist die Versorgung des Körpers mit **Wasser**.
Mit der Nahrung nimmt der Mensch ein Gemisch von Nährstoffen auf (Experimente 7 und 8; Tabelle, S. 86). Unter Mitwirkung spezifischer Enzyme werden die Nährstoffe bis zu ihren Bausteinen wie Glucose, Fettsäuren und Glycerin oder Aminosäuren abgebaut. Die Hydrolyse der Stärke beginnt schon im Mund (Experiment 9). Eiweiße und Fette werden erst in Magen und Darm abgebaut. Pepsin für die Hydrolyse von Eiweiß wirkt nur, wenn genügend Magensäure vorhanden ist (Experiment 10).
Die löslichen Reaktionsprodukte der Hydrolysen lassen sich dann an verschiedenste Stellen im Körper transportieren, wo der Um- und Aufbau zu körpereigenen Stoffen oder die Oxidation zur Energiegewinnung stattfindet.
Auch wenn der Körper viele lebensnotwendige Stoffe selbst aufbaut, müssen einzelne Bausteine von außen zugeführt werden. Man sagt, sie sind **essentiell** (lateinisch: essentia = das Wesen).

Nahrungsmittel – mehr als Nährstoffe. Nahrungsmittel enthalten neben den Hauptnährstoffen und Wasser weitere lebensnotwendige Stoffe. Bereits in kleinsten Mengen wirksame **Vitamine** (↗ S. 86) sind zur Erhaltung von Körper- und Stoffwechselfunktionen unerlässlich. Vitaminarme Kost führt zu Mangelkrankheiten.
Die Nahrung muss ferner **Mineralsalze** liefern, Calcium zum Aufbau der Knochen, Natrium für den Wassertransport, Kalium für die Muskeltätigkeit oder Chloride zur Bildung der Magensäure. **Geruchs- und Geschmacksstoffe** wirken verdauungsfördernd. Cellulosehaltige **Ballaststoffe** regen die Verdauung an.

Experiment 7
Kleine Portionen verschiedener Nahrungsmittel werden zerkleinert.
Zum Nachweis von Stärke wird eine kleine Probe jeweils mit 2 ··· 3 Tropfen Iod-Kaliumiodid-Lösung versetzt.

Experiment 8 **L**
Vorsicht!
Eine zweite Probe der zerkleinerten Nahrungsmittel von Experiment 7 wird zur Prüfung auf Eiweiß mit 2 ··· 3 Tropfen 65%iger Salpetersäure (C) versetzt.

Experiment 9
Stärkelösung wird mit reichlich Speichel vermischt und im Wasserbad 20 Minuten auf 40 °C erwärmt. Danach ist mit *fehling*scher Lösung (C) zu prüfen.

Experiment 10
In 3 Reagenzgläser werden kleine Portionen gekochten Hühnereiweißes gegeben.
Zu einer Probe wird 10%ige Salzsäure (Xi) gegeben, zur zweiten Pepsinlösung, zur dritten Pepsinlösung und 1 ml 10%ige Salzsäure (Xi). Alle Proben werden im Wasserbad 20 Minuten auf 40 °C erwärmt.

AUFGABEN

1. Versuchen Sie die in den Abbildungen 1 und 2 dargestellten Vorgänge der Übersicht über die Papierherstellung zuzuordnen.
2. Zur Herstellung von 1 t Zellstoff werden 7 m^3 Holz, 500 kg Kohle und 200 kWh elektrischer Strom benötigt. Begründen Sie die Notwendigkeit von Altpapierrecycling.
3. Vergleichen Sie die Hydrolyse von Fetten, Kohlenhydraten und Eiweißen.
4. Gesunde Ernährung erfordert, viel Gemüse, möglichst auch als Rohkost, zu essen. Begründen Sie das!
5. Sammeln Sie Material über Vitamine und ihre Bedeutung für eine gesunde Ernährung.

KOHLENHYDRATE

Lebensmittel	kJ/100 g	Fette	Kohlenhydrate	Eiweiße	Wasser
Milch, 3,5 % Fett	269	4	5	3	88
Butter	3167	83	1	1	15
Olivenöl	3767	99			1
Hering	974	19		17	64
Rinderfilet	487	5		20	75
Schweinefleisch	1216	25		16	59
Kaninchenfleisch	647	8	1	20	71
Magerkäse	800	3	4	44	49
Leberwurst	1781	41	1	13	45
Salami	2176	50		18	32
Zucker	1609		100		
Schokolade	2209	30	56	8	6
Reis	1505	2	77	8	13
Roggenbrot	1004	2	53	6	39
Knäckebrot	1550	2	79	10	9
Spagetti	1520	1	75	12	12
Linsen	1460	1	57	24	18
Kartoffeln	318		18	2	80
Tomaten	88		4	1	95
Bananen	402		23	1	76

Ausgewogene Ernährung. Die Nahrung muss alle für den Organismus notwendigen Stoffe ausreichend und ausgewogen enthalten. Das bezieht sich nicht nur auf das Massenverhältnis der Nährstoffe und deren Brennwerte. Essentielle Fettsäuren und Aminosäuren müssen ausreichend vorhanden sein. Zu ausgewogener Nahrung gehört auch ein angemessener Anteil an Rohkost, die unerlässliche Ballaststoffe liefert.

Die optimale Zusammensetzung der Nahrung hängt von dem Alter und der Art der Tätigkeit der Menschen sowie den klimatischen Bedingungen ab. Schwerarbeit erfordert Nahrung mit etwa doppelt so hohem Brennwert wie sitzende Beschäftigung. In kalten Klimazonen werden vor allem tierisches Fett und Eiweiße benötigt, in warmen Zonen demgegenüber kohlenhydratreiche Nahrungsmittel.

Durchschnittlicher Nährstoffbedarf je Tag	
Eiweiß	1 g je kg Körpermasse, 40 ··· 50 % davon als tierisches Eiweiß
Fett	1 g je kg Körpermasse (mindestens 50 ··· 70 g)
Kohlenhydrate	etwa 500 g

Brennwert von Nährstoffen

1 g Fett liefert 39 kJ.
1 g Kohlenhydrate liefert 17 kJ.
1 g Eiweiß liefert 17 kJ.

Einige Vitamine

Vitamin	Vorkommen	Mangelerscheinung
A	Lebertran, Milch, Butter, Käse	Hautschäden, mangelnder Schutz gegen Infektionen
B_1	Hefe, Vollkornbrot, Nüsse, Fleisch	Darmstörung, Nervenentzündung, Muskelschwäche
C	Citrusfrüchte, Gemüse, Kartoffeln	Zahnfleischbluten, erhöhte Infektanfälligkeit, Leistungsabfall
D	Lebertran, Hering, Eigelb, Milch	Knochenerweichung, Muskelschwäche, Karies
E	Getreidekeime, Eigelb, Tierleber	Stoffwechselstörung

Eiweißversorgung der Menschen

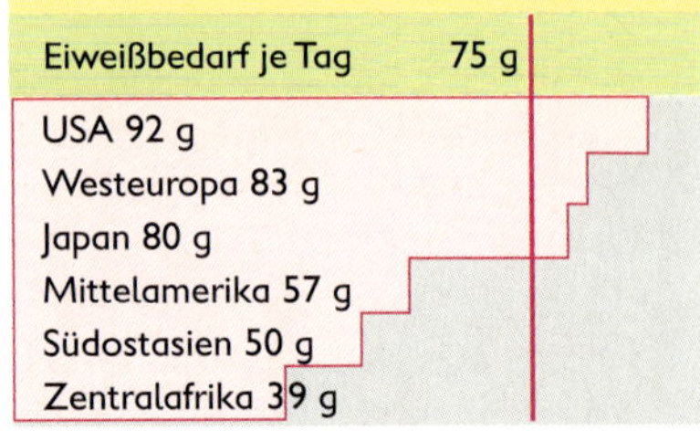

AUFGABEN

1. Vergleichen Sie die Brennwerte von Nährstoffen.
2. Werten Sie die Eiweißversorgung der Menschen in verschiedenen Teilen der Erde.
3. Vergleichen Sie verschiedene Nahrungsmittel hinsichtlich des Nährstoffgehaltes. Erörtern Sie auffällige Unterschiede.
4. Stellen Sie die Ihnen bekannten Nachweismöglichkeiten für Fett, Eiweiß, Glucose und Stärke zusammen.
5. Warum wird Vollkornbrot als besonders wertvoll für die Ernährung empfohlen?
6. Warum tritt allgemeine Mattigkeit durch Vitamin-C-Mangel besonders im Frühjahr auf?
7. Die Vitamine A, D und E sind fettlöslich, die Vitamine B und C wasserlöslich. Stellen Sie Beziehungen zum Vorkommen der Vitamine her. Welche Folgerungen ergeben sich für die Verwendung von Nahrungsmitteln?

Im Überblick

Nahrungsmittel

Enthalten neben den Nährstoffen Fette, Eiweiße und Kohlenhydrate auch Wasser, Vitamine, Mineralsalze, Geruchs- und Geschmacksstoffe sowie Ballaststoffe.

Kohlenhydrate

Verbindungen aus Kohlenstoff, Wasserstoff und Sauerstoff
Grundbausteine: Monosaccharide, z. B. Glucose
Verknüpfung: Sauerstoffbrücken durch Wasseraustritt zwischen den Molekülresten von Monosacchariden

Eiweiße

Verbindungen aus Kohlenstoff, Wasserstoff, Sauerstoff, Stickstoff, teilweise auch Schwefel
Grundbausteine: Aminosäuren mit mindestens einer Carboxyl- und einer Aminogruppe
Verknüpfung: Peptidbindung durch Wasseraustritt aus einer Carboxyl- und einer Aminogruppe

Fette

Verbindungen aus Kohlenstoff, Wasserstoff und Sauerstoff
Grundbausteine: Glycerin und Fettsäuren
Verknüpfung: Esterbindung zwischen Glycerin- und den Fettsäuremolekülen

Nährstoffe im Stoffwechsel

Fette	Kohlenhydrate	Eiweiße

Abbau der Nährstoffe durch Hydrolyse unter Einwirkung von Enzymen bis zu den löslichen Grundbausteinen

↓

Fettsäuren, Glycerin	Monosaccharide z. B. Glucose	Aminosäuren

Transport von Grundbausteinen an verschiedenste Körperstellen

↓

Fette, Kohlenhydrate	Eiweiße
Vorwiegend Oxidation zur Energiegewinnung, daneben Aufbau körpereigener Stoffe	Vorwiegend Aufbau von körpereigenem Eiweiß

Wiederholung und Systematisierung

Im Chemieunterricht wurden eine Vielfalt von Stoffen und chemischen Reaktionen sowie entsprechende Begriffe, Gesetze und Zusammenhänge vermittelt. Das Wiederholen und Systematisieren wichtiger Grundlagen soll Ihnen bei der Vorbereitung auf die Abschlussprüfung helfen.

Untersuchen von Stoffen

Vielfalt der Stoffe in unserem Leben. Im Haushalt, in der Schule, in der Freizeit und beim Einkaufen kommen Sie mit einer Vielzahl von Stoffen in Berührung: Luft, Wasser, Papier, Benzin, Eisen, Messing, Kunststoffe, Seife, Brot, Kochsalz und viele andere. Oft handelt es sich um **Stoffgemische** wie Luft oder Mörtel. Stoffgemische können durch Sieben, Aufschlämmen, Lösen, Dekantieren, Filtrieren, Eindampfen oder Destillieren in ihre Bestandteile getrennt werden (Experiment 1).
Stoffe, die durch kein physikalisches Trennverfahren in weitere Bestandteile zerlegt werden können, sind **Reinstoffe** (↗ S. 102). Reinstoffe sind chemische Elemente oder chemische Verbindungen.

Stoffe erkennt man an Eigenschaften. Täglich müssen Sie Stoffe erkennen, von anderen Stoffen unterscheiden und deren Qualität beurteilen, beispielsweise beim Auswählen geeigneter Materialien für die Herstellung bestimmter Gegenstände.
Manche Stoffe erkennt man leicht an Eigenschaften, die mit den **Sinnesorganen** direkt wahrgenommen werden können (Farbe, Geruch, Festigkeit, Oberflächenbeschaffenheit).
Andere Eigenschaften lassen sich durch **einfache Experimente** feststellen, beispielsweise Brennbarkeit, Löslichkeit oder Verhalten beim Erhitzen (Experiment 3).
Genauer kann man Stoffe durch **Messen von Eigenschaften** wie Dichte, Schmelztemperatur und Siedetemperatur charakterisieren.
In Tabelle 1 sind **Nachweisreaktionen** zusammengestellt, mit denen Ionen in Lösungen eindeutig identifiziert werden können (Experimente 2, 3 und 4).

Experiment 1
Frische Gartenerde soll in möglichst viele Bestandteile getrennt werden.
Nutzen Sie verschiedene Trennverfahren. Beschreiben Sie die Stoffe, in die Gartenerde getrennt werden konnte.

Experiment 2
In drei Reagenzgläser sind jeweils 5 ml Wasser zu geben und in je eines davon
1 Spatel Natriumcarbonat,
1 Spatel Natriumchlorid bzw.
1 Spatel Natriumcarbonat und Natriumchlorid.
Zu jeder dieser drei Lösungen geben Sie 5 Tropfen Silbernitratlösung und beobachten.
Dann geben Sie jeweils so lange tropfenweise 10%ige Salpetersäure (C) hinzu, bis Sie nichts Auffälliges mehr beobachten.
Deuten Sie Ihre Beobachtungen!

Nachweis von Ionen in wässrigen Lösungen		
nachzuweisendes Ion Name / Formel	Nachweismittel	Ergebnis
Hydroxid-Ionen OH^-	Universalindikator Lackmus Phenolphthalein	Blaufärbung Blaufärbung Rotviolettfärbung
Wasserstoff-Ionen H^+	Universalindikator Lackmus	Rotfärbung Rotfärbung
Sulfat-Ionen SO_4^{2-}	Bariumchloridlösung, verdünnte Salzsäure	Fällung von weißem Bariumsulfat
Chlorid-Ionen Cl^-	Silbernitratlösung, verdünnte Salpetersäure	Fällung von weißem Silberchlorid
Carbonat-Ionen CO_3^{2-}	verdünnte Salzsäure	Entweichen von Kohlenstoffdioxid

1

Beim Untersuchen von Stoffen systematisch vorgehen. Zwei äußerlich scheinbar gleiche Stoffe können ohne Geschmacksprobe (!) unterschieden werden (Tabelle 2, Experiment 5).

Unterscheiden von Zucker und Kochsalz		
Eigenschaften	Zucker	Kochsalz
Farbe	weiß	weiß
Geruch	geruchlos	geruchlos
Oberflächenbeschaffenheit	kristallin	kristallin
Brennbarkeit	–	–
Verhalten beim Erhitzen	schmilzt, wird braun, riecht nach Karamell	Stoff unverändert, Kristalle zerspringen
Löslichkeit in Wasser	+	+
Prüfung auf Chlorid-Ionen	–	+

2

Experiment 3
Bei drei Flüssigkeiten (A, B, C) handelt es sich um Wasser, 5%ige Salzsäure und Brennspiritus (F). Identifizieren Sie die Stoffe! Begründen Sie Ihre Entscheidung!

Experiment 4
Welche der in Tabelle 1 aufgeführten Ionen können Sie in dem vorliegenden Düngemittel nachweisen?
Untersuchen Sie zunächst einen Teil der festen Substanz. Dann bereiten Sie eine klare wässrige Lösung (evtl. filtrieren!) und prüfen diese auf weitere Ionen. Zu welcher Gruppe könnte das untersuchte Düngemittel gehören?

Experiment 5
Überprüfen Sie die Angaben in der Tabelle 2
a) für Zucker und
b) für Kochsalz.

AUFGABEN

1. Beschreiben Sie Möglichkeiten und Bedeutung der Trennung von Hausmüll.
2. Welche Eigenschaften der Stoffe werden bei folgenden Trennverfahren genutzt:
   a) Dekantieren, b) Filtrieren, c) Destillieren?
3. Auf Grund welcher Eigenschaften kann man folgende Stoffe unterscheiden:
   a) Gold und Silber, b) Alkohol und Benzin
   c) Blei und Eisen sowie d) Mehl und Zucker?
4. Ein Würfel aus Eisen mit der Kantenlänge von 2 cm hat eine Masse von 62,88 g. Welche Dichte hat Eisen?
5. Welches Metall liegt jeweils vor?

	5 cm^3 des Metalls haben die Masse	Schmelztemperatur
a	4,3 g	64 °C
b	44,8 g	1083 °C
c	52,5 g	961 °C

6. Entwickeln Sie Reaktionsgleichungen in Ionenschreibweise für den Nachweis von
   a) Sulfat-Ionen, b) Chlorid-Ionen.
7. Begründen Sie die Notwendigkeit des Ansäuerns bei den Nachweisen von Chlorid- und Sulfat-Ionen.

Ordnen von Stoffen. Es gibt einige Millionen verschiedener Stoffe, von denen etwa eintausend für den Alltag von Bedeutung sind. Wie lässt sich diese Vielfalt von Stoffen ordnen?
Stoffgemische unterscheiden sich von Reinstoffen. Eine Ordnung der Reinstoffe nach Aggregatzustand, Farbe, Dichte, der Giftigkeit oder anderen Eigenschaften wäre möglich, aber nicht sehr praktisch. Eine Ordnung nach der chemischen Zusammensetzung (Oxide, Hydroxide, Säuren, Alkane, Alkansäuren) ist zweckmäßig, aber nicht sehr übersichtlich. Nach dem Bau der Reinstoffe aus Teilchen unterscheidet man drei Stoffklassen: Metalle, Ionensubstanzen und Molekülsubstanzen.

Bau und Eigenschaften von Stoffen. Zwischen Bau und Eigenschaften der Stoffe einer Stoffklasse bestehen wesentliche Zusammenhänge (↗ Tabellen 1 und S. 103).
Metalle sind bei Zimmertemperatur fest (Ausnahme: Quecksilber) und von allen anderen Stoffen vor allem an der sehr guten elektrischen Leitfähigkeit und der guten Verformbarkeit zu unterscheiden (Experiment 6).
Ionensubstanzen leiten den elektrischen Strom erst, wenn sie geschmolzen oder in Wasser gelöst sind. Salze, Metallhydroxide und einige Metalloxide gehören zu den Ionensubstanzen (Experimente 7 und 8).
Molekülsubstanzen, die bei Zimmertemperatur fest sind, unterscheiden sich von Stoffen anderer Stoffklassen vor allem, weil sie eine geringe Festigkeit aufweisen und elektrische Nichtleiter sind. Bei Zimmertemperatur sind alle gasförmigen Reinstoffe (Ausnahme: Edelgase) und alle flüssigen Reinstoffe (Ausnahme: Quecksilber) sowie fast alle organischen Verbindungen Molekülsubstanzen (Experiment 9 und 10).

Experiment 6
Weisen Sie durch Experimente nach, dass Eisen, Silber und Aluminium zu den Metallen gehören.

Experiment 7
Weisen Sie durch Experimente nach, dass Kochsalz eine Ionensubstanz ist.

Experiment 8
Entscheiden Sie mithilfe von Experimenten, ob Löschkalk (C) zu den Ionensubstanzen gehört.

Experiment 9
In einer der Apparaturen (Abb. 1) wird Sauerstoff dargestellt und in drei Reagenzgläsern rein aufgefangen. Der Sauerstoff ist an mindestens zwei Eigenschaften zu identifizieren!

Experiment 10
Wasserstoff (F+) ist in einer der Apparaturen (Abb. 1) darzustellen und in drei Reagenzgläsern rein aufzufangen sowie an mindestens zwei Eigenschaften zu identifizieren.

Zusammenhänge zwischen Bau und Eigenschaften von Stoffen

Stoffklasse	**Metalle**	**Ionensubstanzen**	**Molekülsubstanzen**
Bau Modelle	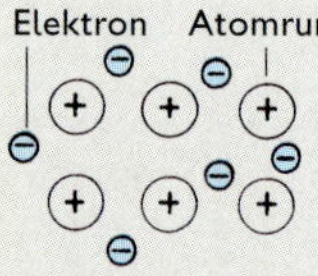	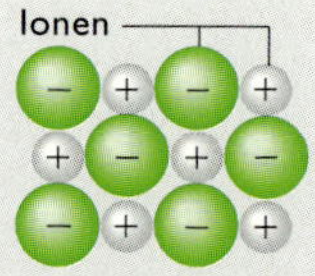	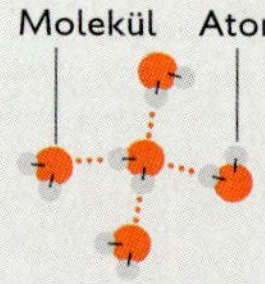
Art der chemischen Bindung	Metallbindung zwischen Atomrümpfen und Elektronen	Ionenbindung zwischen Ionen	Atombindung zwischen Atomen im Molekül
Eigenschaften			
Schmelz- und Siedetemperatur	hoch	hoch	niedrig
Elektrische Leitfähigkeit	sehr gut	schlecht (in Lösung gut)	schlecht
Festigkeit	hoch	hoch	gering
Verformbarkeit fester Stoffe	sehr gut	spröde	spröde, weich
Beispiele	Eisen, Kupfer, Silber	Natriumchlorid, Kaliumhydroxid	Sauerstoff, Wasser, Schwefel, Butan, Zucker

1

Untersuchen von Gasen. Tabelle 2 enthält Informationen zu Darstellung und Nachweis einiger Gase (Experimente 9 bis 14).

Darstellung und Nachweis einiger farb- und geruchloser Gase

Gas/Formel	Darstellung	Nachweis
Sauerstoff O_2	a) Wasserstoffperoxidlösung und etwas Braunstein b) Erhitzen von Kaliumpermanganat	Ein an der Luft glimmender Holzspan flammt in reinem Sauerstoff hell auf. (Spanprobe)
Stickstoff N_2	aus Luft durch Binden des Sauerstoffs	brennende Kerze erlischt (Verwechslung mit Kohlenstoffdioxid möglich!)
Wasserstoff H_2	Reaktion von Zink mit verdünnter Salzsäure	brennbar; Wassertröpfchen als Verbrennungsprodukt
Kohlenstoffdioxid CO_2	Reaktion von Marmor oder Kalkstein mit verdünnter Salzsäure	einleiten in Kalkwasser oder Barytwasser; weißer Niederschlag
Butan C_4H_{10}	aus einer Ampulle mit Feuerzeuggas	brennbar; Wassertröpfchen und Kohlenstoffdioxid als Verbrennungsprodukte

2

Experiment 11
Weisen Sie nach, dass Atemluft Kohlenstoffdioxid enthält.

Experiment 12
Entscheiden Sie, ob es sich bei einem Gas um Kohlenstoffdioxid oder um Stickstoff handelt.

Experiment 13
Weisen Sie die Reaktionsprodukte beim Abbrennen von Feuerzeuggas (F+) nach.

Experiment 14
Sie erhalten Proben eines Gases. Entscheiden Sie, ob es sich um Sauerstoff, Kohlenstoffdioxid, Butan (F+) oder keines dieser Gase handelt. Versuchen Sie die Experimente so durchzuführen, dass Sie mit nur einer Probe zu einem eindeutigen Ergebnis kommen.

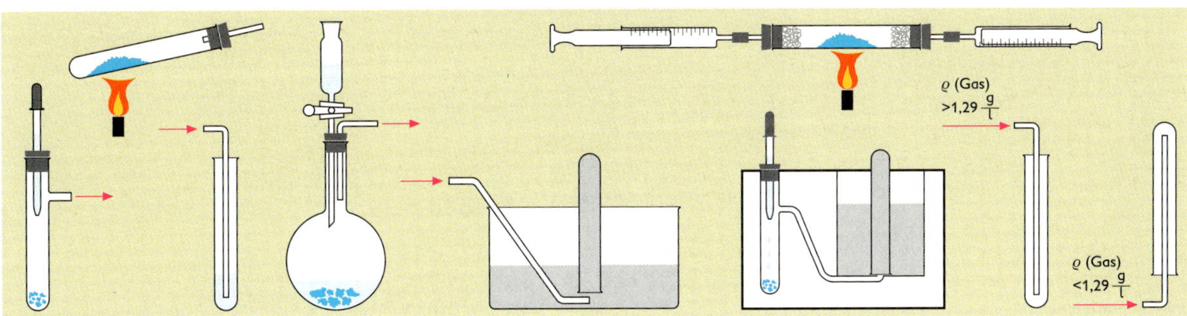

1

Apparaturen zum Experimentieren mit Gasen

AUFGABEN

1. Beschreiben Sie (mit Skizze) den Bau
   a) eines Calciumatoms,
   b) eines Calcium-Ions.
   Nutzen Sie die Angaben zum Periodensystem der Elemente (↗ S. 103 und 3. Umschlagseite).
2. Erläutern Sie das Vorhandensein von positiv elektrisch geladenen Atomrümpfen und beweglichen Elektronen bei Metallen.
3. Erklären Sie einige Eigenschaften von Metallen mit dem Bau der Metalle.
4. Wie ist zu erklären, dass feste Ionensubstanzen den elektrischen Strom nicht leiten, wohl aber die Schmelze und die wässrigen Lösungen der entsprechenden Stoffe?
5. Beschreiben Sie die Art der chemischen Bindung in Molekülsubstanzen.
6. Erklären Sie die relativ niedrigen Schmelz- und Siedetemperaturen mit dem Bau der Molekülsubstanzen.
7. 100 ml eines Gases haben die Masse von 0,143 g. Welches Gas liegt vor?
8. Entwickeln Sie die Reaktionsgleichung für den Nachweis von Kohlenstoffdioxid.
9. Entwickeln Sie die Reaktionsgleichung für die vollständige Oxidation von Butan.
10. Welches Volumen an Kohlenstoffdioxid kann unter Normbedingungen aus 200 mg Calciumcarbonat dargestellt werden (↗ S. 106)?

Metalle

Metalle in unserem Leben. Große Mengen metallischer Werkstoffe werden für die Herstellung wichtiger Produkte benötigt: Werkzeuge, Fahrzeuge, Brücken, Kräne, aber auch Kochtöpfe, Bestecke und Schmuck. Vor allem die Schonung der begrenzten Erzvorkommen erfordert, Stahlschrott sowie Produkte aus Aluminium, Buntmetallen, Blei und anderen Metallen nicht auf die Mülldeponie zu bringen, sondern zu sammeln. Durch technische Verfahren (z. B. Einschmelzen) wird Metallschrott kostengünstig recycelt.

Eigenschaften und Verwendung von Metallen. Die Eigenschaften bedingen die vielseitige Verwendung von Metallen (Tabelle 1). Bei der Verwendung ist die unterschiedlich starke Ausprägung der Eigenschaften zu beachten (Abb. 1 und 2).

Metall	Art des Metalls	Besondere Eigenschaften	Verwendung (Auswahl)
Eisen	Schwermetall, unedles Metall	Festigkeit, Verformbarkeit	Maschinen, Schiffe, Werkzeuge
Aluminium	Leichtmetall, unedles Metall	geringe Dichte, Beständigkeit	Kabel, Leichtbau, Flugzeugbau
Zink	Schwermetall, unedles Metall	Beständigkeit	Verzinken von Eisen, Batterien
Kupfer	Schwermetall, Edelmetall	sehr guter Leiter, Beständigkeit	Kabel, Rohrleitungen, Legierungen
Gold	Schwermetall, Edelmetall	sehr beständig, Glanz	Schmuck, Spezialkontakte

1

Einteilung der Metalle nach der Dichte

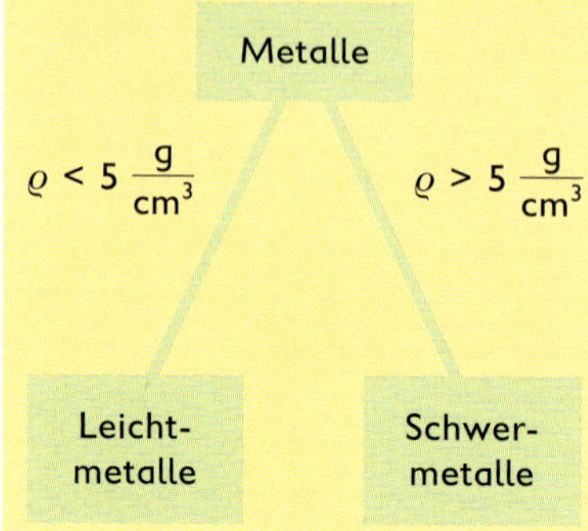

1

Einteilung der Metalle nach der Reaktion mit verdünnten Säuren

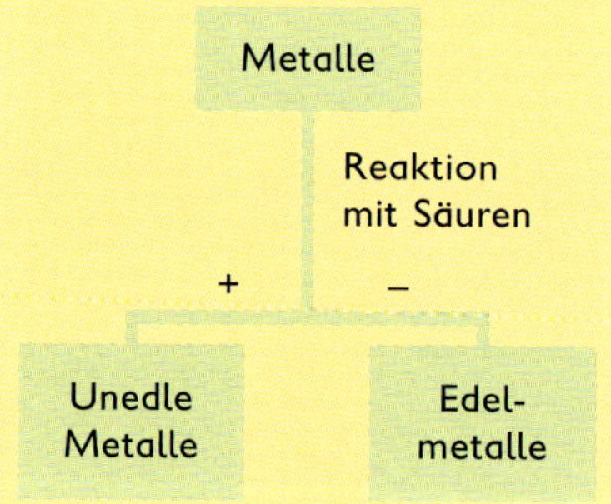

2

Legierungen. Eigenschaften wie Härte, Schmelztemperatur oder Verformbarkeit werden durch Zusammenschmelzen verschiedener Metalle zu Legierungen beeinflusst (Tab. 2).

Legierung	Legierte Metalle	Besonders beeinflusste Eigenschaft
Bronze	Kupfer/Zinn	Härte
Messing	Kupfer/Zink	goldgelber Glanz, Festigkeit
Lötzinn	Blei/Zinn	Schmelztemperatur
Duraluminium	Aluminium/Kupfer/Magnesium	Festigkeit bei geringer Dichte, Verformbarkeit
Edelstahl	Eisen/Chrom/Nickel	Härte, Korrosionsbeständigkeit
Neusilber	Kupfer/Nickel/Zink	Silberglanz, Härte
800er Silber	80 % Silber/20 % Kupfer	Silberglanz, Festigkeit
Rotgold	Gold/Silber/Kupfer	rötlicher Glanz, Festigkeit

2

Experiment 15
Das Experiment wird nach der Abbildung aufgebaut und etwa 1 Tag stehen gelassen.
Deuten Sie Ihre Beobachtungen und leiten Sie günstige Bedingungen für den Rostschutz ab.

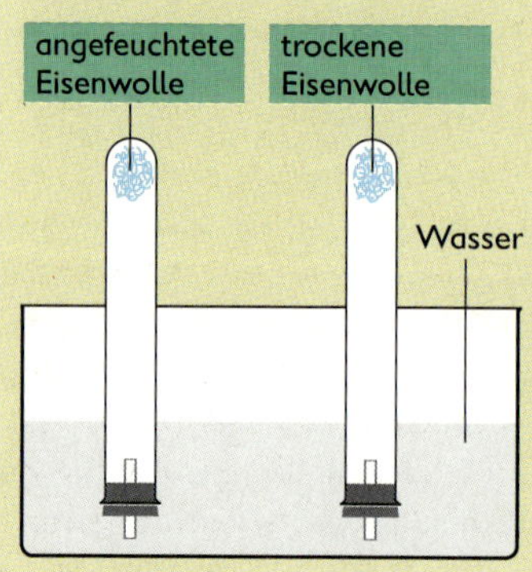

Chemische Reaktionen von Metallen. Die Zerstörung von Oberflächen vieler Metalle durch äußere Einflüsse wird als Korrosion bezeichnet (Experiment 15). Maßnahmen zum Korrosionsschutz sind erforderlich. Rosten von Eisen an feuchter Luft kann stark vereinfacht als **Oxidation** aufgefasst werden. Oxidationen sind exotherme Reaktionen.

Beispiel: $4\ Fe + 3\ O_2 \longrightarrow 2\ Fe_2O_3$; exotherm

Die Zerstörung von Metalloberflächen kann auch durch den sauren Regen verursacht sein. Während Edelmetalle gegen verdünnte Säuren beständig sind, kommt es bei unedlen Metallen zur **Reaktion mit verdünnten Säuren** (Experimente 16 und 17).

Beispiel: $Zn + 2\ HCl \longrightarrow ZnCl_2 + H_2$

Durch Redoxreaktionen zu Metallen. Zur Herstellung von Metallen eignen sich Erze, die einen hohen Anteil an Metalloxiden aufweisen, beispielsweise Roteisenerz (Eisenoxid) oder Bauxit (Aluminiumoxid). Das Metalloxid wird durch ein Reduktionsmittel reduziert (Experiment 18).
Vor allem exotherm verlaufende Redoxreaktionen (↗ S. 107) werden technisch genutzt. So entsteht beim aluminothermischen Verfahren bei 3 000 °C geschmolzenes Eisen, das direkt zum Schweißen genutzt wird.

Reduktion

$$3\ Fe_3O_4 + 8\ Al \longrightarrow 9\ Fe + 4\ Al_2O_3;\ \text{exotherm}$$

Oxidationsmittel (Fe3O4) – Reduktionsmittel (Al)

Oxidation

Eisen, das am meisten verwendete Gebrauchsmetall, wird im Hochofen hergestellt (Abb. 3). Der Hochofen wird mit Eisenerz, Koks und Zuschlägen beschickt. Heiße Luft wird von unten eingeblasen. Reaktionsprodukte sind Roheisen, Schlacke und Gichtgas. Ohne Unterbrechung laufen viele chemische Reaktionen ab, darunter insbesondere folgende Reaktion:

$Fe_2O_3 + 3\ CO \longrightarrow 2\ Fe + 3\ CO_2$; exotherm.

Experiment 16
Etwas Zinkpulver und etwas Kupferpulver werden in Reagenzgläsern mit etwa 5 ml verdünnter Salzsäure versetzt. Deuten Sie Ihre Beobachtungen.

Experiment 17
Suchen Sie nach einem Weg, um Kupferpulver in Lösung zu bringen. Überprüfen Sie Ihre Überlegungen durch ein Experiment.

Experiment 18
1 Spatel Kupferoxid CuO und
2 Spatel Holzkohlepulver
werden gut gemischt und dann im Reagenzglas erhitzt.
Deuten Sie Ihre Ergebnisse anhand einer Reaktionsgleichung.

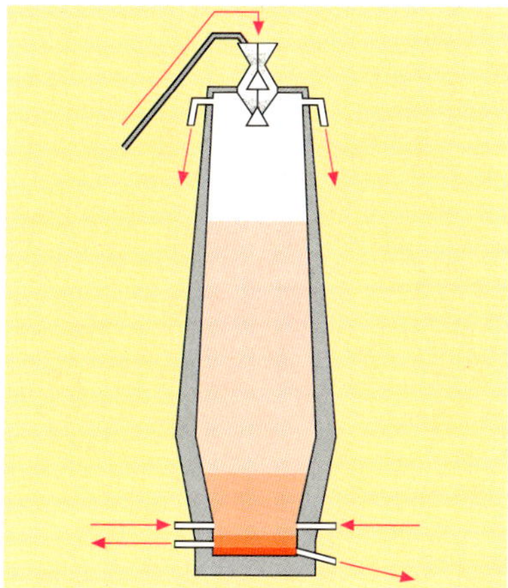
3

AUFGABEN

1. Begründen Sie die Notwendigkeit des Sammelns von Metallschrott.
2. Nennen Sie je zwei Beispiele für
   a) Leichtmetalle, Schwermetalle
   b) Unedle Metalle, Edelmetalle.
3. Nennen Sie ergänzend zur Tabelle 1 zwei weitere Metalle und beschreiben Sie deren Verwendung auf Grund besonderer Eigenschaften.
4. Geben Sie für die in Tabelle 2 genannten Legierungen konkrete Verwendungen an.
5. Beschreiben Sie an Beispielen das Rosten als Korrosion an Eisenoberflächen.
6. Erläutern Sie Möglichkeiten, Verluste durch Korrosionsschutz zu verringern.
7. Beschreiben Sie Stoff- und Energieumwandlung bei der Oxidation von Eisen.
8. Erläutern Sie an der Reaktion von Kupferoxid CuO mit Aluminium die Begriffe Reduktion und Reduktionsmittel.
9. Fertigen Sie nach Abbildung 3 eine Skizze vom Hochofen an. Erläutern Sie die Zuführung der Ausgangsstoffe und die Entnahme der Reaktionsprodukte.
10. Erläutern Sie wesentliche chemische Reaktionen beim Hochofenprozess.
11. Welche Masse an Eisen kann aus 100 t Roteisenerz hergestellt werden, das zu 40 % aus Eisenoxid Fe_2O_3 besteht?

Säuren und Basen

Der pH-Wert von Lösungen. Im täglichen Leben haben Sie es mit vielen wässrigen Lösungen zu tun. Diese Lösungen können sauer, neutral oder basisch sein. Anhand von Farbabstufungen eines Universalindikators (Abb. 1) oder mit einem pH-Messgerät kann der pH-Wert einer Lösung ermittelt werden (Experiment 19).

pH-Wert	0 1 2	3 4 5 6	7	8 9 10	11 12 13 14
Eigenschaft der Lösung	stark sauer	schwach sauer	neutral	schwach basisch	stark basisch
Überwiegend	Wasserstoff-Ionen H^+			Hydroxid-Ionen OH^-	

1

Saure Lösungen und Säuren. Saure Lösungen sind im täglichen Leben und in der Industrie bedeutsam (Tabelle 1).

Name der Säure	Formel	Gefahrstoff Xi ab	C ab	Vorkommen/Verwendung zur Herstellung von
Salzsäure	HCl	10 %	25%	Magensaft/Entferner von Metalloxidschichten, Wasserstein und Mörtelresten
Schwefelsäure	H_2SO_4	5 %	15%	Phosphatdüngemittel, Kunstseide, Farbstoffe, Beizmittel, Akkusäure
Kohlensäure	H_2CO_3	–	–	natürliches Mineralwasser/ Erfrischungsgetränke
schweflige Säure	H_2SO_3	3 %	–	im sauren Regen/Bleich- und Desinfektionsmittel
Essigsäure	CH_3COOH	10 %	25 %	Weinessig/Essigessenz, Wassersteinentferner

1

Saure Lösungen werden durch Lösen von Säuren in Wasser bereitet. Säurelösungen erhält man auch durch Reaktion von Nichtmetalloxiden mit Wasser (Experimente 20 und 21).

Nichtmetalloxid + Wasser $\longrightarrow$ Säurelösung

$$CO_2 + H_2O \longrightarrow H_2CO_3$$

Basische Lösungen und Basen. Basen (Metallhydroxide) sind für die Herstellung vieler Produkte von Bedeutung (Tabelle 2)

Name der Base (technischer Name)	Formel	Verwendung zur Herstellung wichtiger Produkte
Natriumhydroxid (Ätznatron)	$NaOH$	Kernseife, Zellstoff, Papier, Backofenreiniger, Abbeizpaste
Kaliumhydroxid (Ätzkali)	KOH	Schmierseife, Rohrreiniger, Abbeizpaste
Calciumhydroxid (Ätzkalk)	$Ca(OH)_2$	Kalkmörtel, Düngemittel, Rübenzuckergewinnung

2

Experiment 19
Ermitteln Sie den pH-Wert von Mineralwasser, Seifenlösung, Entkalker, Rohrreiniger und ähnlichen Produkten aus dem Haushalt.

Experiment 20
Schwefel wird auf einem Verbrennungslöffel entzündet und sofort in ein Gefäß gehalten, das etwas Wasser enthält. Das Gefäß ist gut zu verschließen. Nach Erlöschen der Flamme umschütteln und einige Tropfen Indikator zusetzen. Entwickeln Sie Reaktionsgleichungen.

Experiment 21
Weisen Sie nach, ob es sich bei einer farblosen Flüssigkeit um verdünnte Salzsäure oder verdünnte Schwefelsäure handelt.

Experiment 22
Geben Sie vorsichtig zu 20 ml Wasser im Becherglas etwas Ätznatron (C). Deuten Sie die Beobachtungen stofflich und energetisch.

Sorgfalt beim Umgang mit Säuren und Basen

- Augen, Haut und Kleidung schützen!
- Verschüttete Lösungen mit Wasser und Wischtuch aufnehmen!
- Bei Hautkontakt gründlich mit Wasser spülen. Sofort beim Lehrer melden!
- Verdünnen von Lösungen: Erst das Wasser, dann die Säure bzw. Base!
- Beschriftungen strikt beachten!

Xi reizend — C ätzend

Haushaltschemikalien mit einem Massenanteil an Base von 2 % sind bereits als ätzende Stoffe einzustufen. Basische Lösungen erhält man durch Lösen von Basen in Wasser (Experiment 22). Die Oxide einiger unedler Metalle reagieren mit Wasser unter Bildung von Metallhydroxidlösungen (Experiment 23).

Metalloxid + Wasser ⟶ Metallhydroxidlösung
$CaO + H_2O \longrightarrow Ca(OH)_2$

Einige unedle Metalle reagieren direkt mit Wasser (Experiment 24).

$2\ Na + 2\ H_2O \longrightarrow 2\ Na^+ + 2\ OH^- + H_2$

Säure-Base-Reaktionen, Neutralisation. Basische oder saure Industrieabwässer werden durch Reaktion mit sauren bzw. basischen Lösungen neutralisiert. Die Versauerung von Ackerböden wird durch regelmäßiges Kalken verhindert. Sodbrennen, verursacht durch überschüssige Magensäure, kann durch schwach basisch reagierende Medikamente (z. B. Aluminiumhydroxid) behandelt werden. Bei der **Neutralisation** verbinden sich Wasserstoff-Ionen mit Hydroxid-Ionen zu Wassermolekülen (Experiment 25):

Saure Lösung + Basische Lösung ⟶ Salzlösung + Wasser
$HCl + NaOH \longrightarrow NaCl + H_2O$
$H^+ + Cl^- + Na^+ + OH^- \longrightarrow Na^+ + Cl^- + H_2O$
$H^+ + OH^- \longrightarrow H_2O$

Es entstehen Salzlösungen. Aus den Salzlösungen können durch Eindampfen die entsprechenden Salze gewonnen werden (↗ S. 107). Salzlösungen werden auch durch Reaktion von Säuren mit Metalloxiden, unedlen Metallen, Carbonaten und anderen Stoffen erhalten (Experiment 26).

Experiment 23
Geben Sie zu 10 ml Wasser im Reagenzglas etwas Calciumoxid (C) und setzen Sie nach vorsichtigem Umschütteln einige Tropfen Indikator hinzu. Entwickeln Sie die Reaktionsgleichung in Ionenschreibweise.

Experiment 24
Calciumspäne (F) werden im Becherglas mit etwa 30 ml Wasser übergossen. Die Reaktionsprodukte sind nachzuweisen. Entwickeln Sie die Reaktionsgleichung.

Experiment 25
Geben Sie zu 5 ml 5%iger Natronlauge (C), der einige Tropfen Indikator zugesetzt werden, so lange tropfenweise 5%ige Salzsäure, bis die Lösung weder sauer noch basisch reagiert. Deuten Sie das Ergebnis anhand der Reaktionsgleichung.

Experiment 26
Stellen Sie auf zwei verschiedenen Wegen eine Lösung von Zinkchlorid her. Erläutern Sie die Ergebnisse anhand von Reaktionsgleichungen.

AUFGABEN

1. Beschreiben Sie Vorkommen bzw. Verwendung
   a) von drei sauren Lösungen,
   b) von drei basischen Lösungen.
2. Was verstehen Sie unter
   a) einer Säure, b) einer Base?
3. Welchen Stoffklassen sind Basen und Säuren jeweils zuzuordnen? Begründen Sie!
4. Entwickeln Sie die Reaktionsgleichung für
   a) die Dissoziation von Kohlensäure,
   b) die Dissoziation von Essigsäure.
5. Erläutern Sie anhand von Reaktionsgleichungen die Darstellung einer Säurelösung aus einem Nichtmetall.
6. Wie ist beim Verdünnen von Säuren und Basen vorzugehen?
7. Wie verhalten Sie sich, wenn trotz aller Vorsicht saure oder basische Lösung auf die Haut gelangt ist?
8. Erläutern Sie die Verwendung von Salzsäure zum Entfernen von
   a) Metalloxidschichten,
   b) Wasserstein (Calciumcarbonat).
9. Was bedeutet die Aufschrift „10%ige Salzsäure“?
10. Entwickeln Sie Reaktionsgleichungen in Ionenschreibweise (↗ S. 106) für die Reaktion
    a) von Magnesiumoxid und Wasser,
    b) von Calcium mit Wasser,
    c) von Natrium mit Wasser.
11. Erläutern Sie die Notwendigkeit der Neutralisation von Abwasser.
12. Erläutern Sie das Kalken von Ackerböden.
13. Entwickeln Sie die Reaktionsgleichung für die Neutralisation der Salzsäure im Magensaft durch Aluminiumhydroxid.
14. Entwickeln Sie drei Reaktionsgleichungen für die Bildung von Calciumchlorid.

Luft

Bedeutung und Zusammensetzung der Luft. Luft (Abb. 1) brauchen wir nicht nur zum Atmen. Die Lufthülle erfüllt folgende Funktionen:
- Gewährleistung einer verträglichen Temperatur,
- Schutz vor tödlicher Strahlung aus dem Weltraum,
- Vorrat an Sauerstoff und Kohlenstoffdioxid als Lebensbedingung,
- Rohstoffquelle (Stickstoff, Sauerstoff, Edelgase).

Zwischen Atmosphäre und Erdoberfläche findet ein ständiger Stoffaustausch statt. Das natürliche Gleichgewicht wird vom Menschen durch Kraftverkehr, industrielle Produktion sowie durch Eingriffe in die Natur zunehmend beeinflusst (Abb. 3).

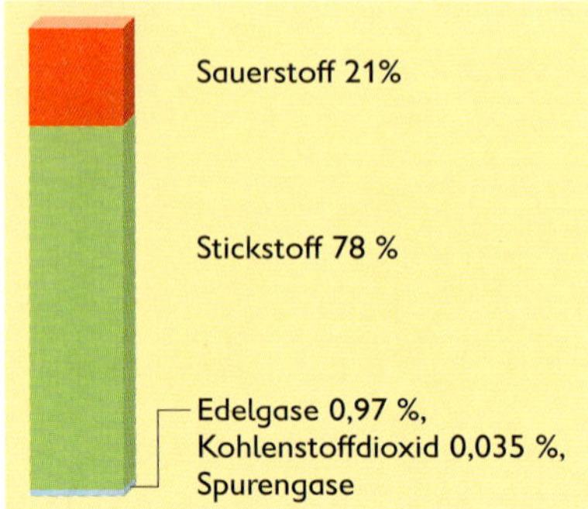

1
Zusammensetzung trockener Luft

Luftschadstoffe. Zunehmend wird die Luft durch Schadstoffe belastet (Abb. 2), die die Gesundheit der Menschen beeinträchtigen und Schäden in der Umwelt verursachen.

Schadstoffemissionen durch menschliche Tätigkeit

Luftschadstoff	Hauptverursacher	Umweltbelastungen
Kohlenstoffmonooxid	Kraftverkehr	Vergiftungen
Stickstoffoxide	Kraftverkehr	Vergiftungen, saurer Regen, Ozonbildung
Schwefeldioxid	Kraftwerke	Vergiftungen, saurer Regen
Kohlenstoffdioxid	Kraftwerke	Verstärkung des Treibhauseffektes
Staub	Industrie	Verschmutzung durch Ablagerungen

2
Abgase bei einem startenden Flugzeug

In modernen Kraftwerken und Industrieanlagen werden Abgase und Rauchgase nahezu vollständig von Schadstoffen gereinigt. Gegenwärtig ist der Kraftverkehr Hauptverursacher von Luftbelastungen. Jeder Kraftfahrer muss seinen Umgang mit dem Kraftfahrzeug entschieden verantwortungsbewusster gestalten:
- Autos mit geregeltem Katalysator und geringem Benzinverbrauch fahren,
- Höchstgeschwindigkeit begrenzen (Abb. 4),
- alternative Verkehrsmittel nutzen (Fahrrad, Bus, Bahn).

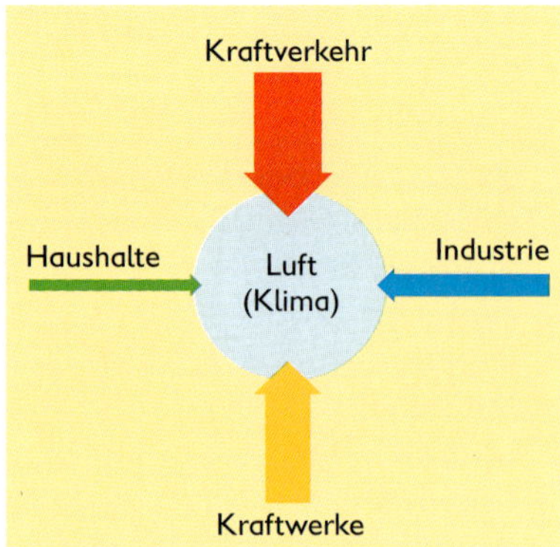

3
Schadstoffbelastung der Luft durch menschliche Tätigkeit

Kohlenstoffdioxid und Treibhauseffekt. Der Anteil an Kohlenstoffdioxid in der Luft bewirkt, dass einfallendes sichtbares Licht durchgelassen, die Abstrahlung von Wärme aber teilweise verhindert wird. Die Atmosphäre wirkt wie das Glasdach eines Gewächshauses. In den letzten 150 Jahren ist der Anteil an Kohlenstoffdioxid in der Luft um 25 % gestiegen. Je mehr Kohlenstoffdioxid und andere Treibhausgase in der Atmosphäre vorhanden sind, desto wärmer wird es. Die Erhöhung der Durchschnittstemperatur um wenige Grad hätte aber schwerwiegende Folgen: Entstehung neuer Wüstengebiete, Ansteigen des Meeresspiegels, Verschiebung der Klimazonen.

Ohne intakte Atmosphäre und ohne Ozonschicht gibt es kein Leben auf der Erde.

Ozon und wirksamer Strahlenschutz. Die Ozonschicht in etwa 25 km Höhe ist der einzige Schutz vor lebensbedrohlicher Strahlung aus dem Weltraum. Diese Schutzschicht ist durch den Abbau von Ozon gefährdet. Der Abbau des Ozons wird vor allem durch Fluorchlorkohlenwasserstoffe (↗ S. 18 f.) bewirkt.

Saurer Regen. Von saurem Regen wird gesprochen, wenn Niederschläge einen pH-Wert < 5,6 aufweisen. Hervorgerufen wird diese Erscheinung durch Säuren, die sich aus Schwefeldioxid und Stickstoffoxiden in der Luft bilden. Diese Gase entstehen durch natürliche Prozesse (Gewitter, Vulkane), vor allem aber durch menschliche Tätigkeit: Verbrennen schwefelhaltiger Brennstoffe, chemische Prozesse in Verbrennungsmotoren. Saurer Regen führt zu Schäden an Gebäuden aus Kalkstein und zur Korrosion von Metallen. Durch Versauerung von Böden und Gewässern werden Schäden in bedeutendem Umfang verursacht.

Smog – eine lebensbedrohliche Erscheinung. Smog entsteht, wenn Gefahrstoffe bei bestimmten Wetterlagen (kaum Wind, stabile Schichtung der Luft in Senken) nicht aufsteigen und sich verteilen können.
In der Nähe von Kraftwerken und Industrieanlagen kommt es so zu hohen Konzentrationen an Staub- und Rußteilchen sowie an giftigen Gasen in der Luft. Durch Autoabgase und Einwirkung von intensivem Sonnenlicht können gesundheitsschädigende Konzentrationen an giftigen Stoffen wie Kohlenstoffmonooxid, Stickstoffoxiden und Ozon gebildet werden. Bei Überschreitung bestimmter Grenzwerte wird Smogalarm ausgelöst (Abb. 5).

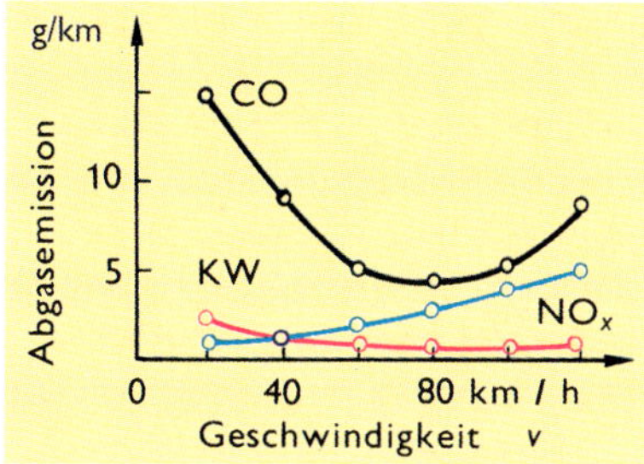

4

Schadstoffemission bei einem PKW in Abhängigkeit von der Geschwindigkeit

Smogalarm

Stufe	Maßnahmen
1	Vorwarnung; Meiden des Gebietes
2	Fahrverbot für PKW ohne Katalysator, eingeschränkter Einsatz fossiler Brennstoffe; kein unnötiger Aufenthalt im Gebiet
3	Fahrverbot für PKW, zeitweilige Stilllegung von Anlagen; Aufenthalt in geschlossenen Räumen

5

AUFGABEN

1. Erläutern Sie die lebensnotwendige Funktion der Lufthülle.
2. Nennen Sie für zwei aus Luft gewonnene Rohstoffe Verwendungsmöglichkeiten.
3. 0,5 g Zink werden vollständig oxidiert.
   a) Welches Luftvolumen ist erforderlich?
   b) Wie groß ist das „Restvolumen“?
4. Begründen Sie, dass der Treibhauseffekt einerseits lebenserhaltend ist, andererseits zu einem Klimaproblem werden kann.
5. Welche Bedeutung haben Wälder und Grünflächen für ein gesundes Leben auf der Erde?
6. Erklären Sie, weshalb der Gehalt an Kohlenstoffdioxid im erdnahen Luftraum im Winter höher ist als im Sommer.
7. Wie kann eine weitere Verstärkung des Treibhauseffektes verhindert werden?
8. Erläutern Sie die Umweltbelastungen durch Kraftfahrzeuge.
9. Begründen Sie, weshalb an der Erdoberfläche die Bildung von Ozon, in der Ozonschicht aber der Abbau von Ozon vermieden werden muss.
10. Wie verhält man sich beim Benutzen eines Kraftfahrzeuges umweltgerecht?
11. Was bewirkt der in PKW eingebaute Katalysator?
12. Erläutern Sie die Schadstoffemission eines PKW in Abhängigkeit von der Geschwindigkeit (Abb. 4).
13. Am Katalysator werden Kohlenstoffmonooxid und Kraftstoffreste (beispielsweise Octan) oxidiert. Wie lauten die Reaktionsgleichungen?
14. Erläutern Sie die Ursachen und die Bildung von saurem Regen.
15. Saurer Regen zerstört Kalkstein. Entwickeln Sie die Reaktionsgleichung mit Schwefelsäure.
16. Auf welche Weise kann die Versauerung von Böden bekämpft werden?
17. Wann wird Smogalarm ausgelöst? Wie verhalten Sie sich in dieser Situation?

Wasser

Vorkommen und Nutzung von Wasser. Wasser ist unser ständiger Begleiter, ob beim Trinken, Waschen, Baden oder Blumen gießen. Es ist reichlich vorhanden, wenn wir sparsam damit umgehen und die Vorräte vor Belastungen durch Schadstoffe schützen. Über zwei Drittel der Erdoberfläche sind mit Wasser bedeckt. Das Wasseraufkommen auf der Erde ist eine konstante Größe. Die Sonneneinstrahlung bewirkt einen ständigen Kreislauf des Wassers zwischen Erdoberfläche und Atmosphäre.
Etwa 10 % des Wasserverbrauchs entfallen auf Haushalte (Trinkwasser). Etwa 90 % werden in der Energiewirtschaft, in Industrie und Landwirtschaft benötigt (Betriebswasser, Trinkwasser).

Wasser als Reinstoff. Chemisch reines Wasser erhält man durch Destillation oder durch Behandlung mit Ionenaustauschern. Der Reinstoff Wasser (Experimente 27, 28) ist eine farb- und geruchlose Flüssigkeit, die den elektrischen Strom nicht leitet und ein schlechter Wärmeleiter ist. Wasser ist eine Molekülsubstanz. Wasser hat seine größte Dichte von 1 g/cm^3 bei 4 °C, also oberhalb der Schmelztemperatur. Auf dieser Anomalie des Wassers beruhen wichtige Naturphänomene: im Wasser schwimmende Eisberge, Überleben von Tieren und Pflanzen im zugefrorenen See, die Verwitterung von Gestein.
Wasser ist ein gutes Lösemittel für viele Stoffe. Je mehr Calcium- und Magnesiumsalze im Trinkwasser vorhanden sind, desto größer ist die so genannte Wasserhärte. Hartes Wasser mindert die Wirkung von Waschmitteln und bewirkt schneller als weiches Wasser das Absetzen von Wasserstein an Heizspiralen (Experiment 29).
Gase sind in Wasser unterschiedlich gut löslich. Der geringe Anteil des in Wasser gelösten Sauerstoffs (bei 20 °C etwa 31 ml in 1 l) ist für die Fische lebensnotwendig. Die sehr gute Löslichkeit von Kohlenstoffdioxid (878 ml in 1 l) wird bei der Bereitung von Erfrischungsgetränken genutzt. Je niedriger die Temperatur und je höher der Druck ist, desto mehr Gas löst sich in Wasser (Experiment 30).

Wasser bei chemischen Reaktionen. Bei vielen chemischen Reaktionen ist Wasser ein Ausgangsstoff. In der Übersicht ist eine Auswahl solcher Reaktionen aufgeführt.

Wasser als Ausgangsstoff	Bildung von Säurelösungen	$H_2O + SO_2 \longrightarrow H_2SO_3$
	Bildung von Baselösungen	$H_2O + CaO \longrightarrow Ca(OH)_2$
	Zersetzung durch elektrischen Strom	$2\ H_2O \longrightarrow 2\ H_2 + O_2$
	Kohlevergasung	$H_2O + C \longrightarrow H_2 + CO$
	Fettspaltung	Wasser + Fett ⟶ Glycerin + Fettsäuren
	Fotosynthese	$6\ H_2O + 6\ CO_2 \xrightarrow{\text{Sonnenenergie}} C_6H_{12}O_6 + 6\ O_2$

Experiment 27
Konstruieren Sie eine Apparatur, in der Sie Wasser destillieren können. Ermitteln Sie die Siedetemperatur des Wassers. Prüfen Sie das Wasser vor und nach der Destillation auf Vorhandensein von Chlorid-Ionen.

Experiment 28
Geben Sie zerkleinerte Eisstücke in ein Becherglas und lassen Sie etwa die Hälfte des Eises schmelzen. Ermitteln Sie die Schmelztemperatur des Wassers.

Experiment 29
Geben Sie je 5 ml destilliertes Wasser, weiches Wasser und hartes Wasser in Reagenzgläser. Geben Sie jeweils 5 Tropfen einer Seifenlösung hinzu und schütteln Sie kräftig. Beurteilen Sie die Schaumbildung in Abhängigkeit von der Wasserhärte.

Experiment 30
Öffnen Sie eine Seltersflasche, warten Sie die Gasentwicklung ab und verschließen Sie die Flasche mit Stopfen und Kolbenprober. Mit dem Kolbenprober wird nun ein Unterdruck erzeugt und der Stempel anschließend wieder in seine ursprüngliche Lage gebracht. Deuten Sie Ihre Beobachtungen!

Experiment 31
Das Abwasser eines Betriebes reagiert sauer und muss neutralisiert werden. Unterbreiten Sie einen kostengünstigen Vorschlag. Überprüfen Sie die Durchführbarkeit mit einem entsprechenden Experiment.

Trinkwassergewinnung. In Mecklenburg-Vorpommern wird Trinkwasser zu 92 % aus Grundwasser und zu 8 % aus Oberflächenwasser gewonnen. Das aus Tiefbrunnen geförderte Grundwasser (Abb. 1) wird durch Filtration aufbereitet. Ein viel größerer Aufwand muss betrieben werden, um aus Oberflächenwasser einwandfreies Trinkwasser zu gewinnen. Die Qualität des Trinkwassers unterliegt strengen Kontrollen.
Die Förderung des Rohwassers, die Gewinnung von Trinkwasser in Wasserwerken und seine Verteilung durch ein viele Kilometer langes Rohrleitungsnetz verursachen hohe Kosten. Mit Trinkwasser sparsam umgehen bedeutet auch: Energie sparen und damit Schonung der Umwelt und der kostbaren Wasserressourcen.

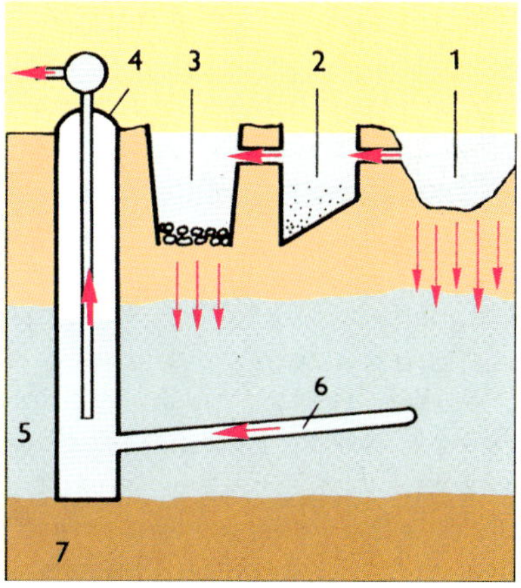

1

Trinkwasser aus Brunnen
1 Fluss
2 Absetzbecken
3 Sickerbecken
4 Brunnen mit Pumpwerk
5 Grundwasser führende Schicht
6 Sammelröhre
7 Wasserundurchlässige Schicht

Abwasser und Gewässerschutz. Durch Entnahme und Nutzung des Wassers greift der Mensch in den Kreislauf des Wassers ein. Schadstoffe im Abwasser aus Industrie und Haushalten, übermäßiger Verwendung von Düngemitteln, leichtfertigem Umgang mit Motorölen und Lösungsmitteln können Ökosysteme und auch die Trinkwasserversorgung gefährden. Deshalb müssen Schadstoffe in betrieblichen und kommunalen Klärwerken beseitigt werden (Experiment 31). Auch biologisch intakte Gewässer verfügen nur über eine begrenzte Selbstreinigungskraft.
Gewässer leiden insbesondere unter Eutrophierung (Nährstoffanreicherung), durch Eintrag von Phosphaten und Stickstoffverbindungen infolge Überdüngung. Es kommt zur Massenproduktion pflanzlicher Biomasse, deren Abbau Sauerstoff bindet und zum Absterben der auf Sauerstoff angewiesenen Lebewesen im Wasser führt. Der Sauerstoffgehalt ist ein wichtiges Kriterium zur Beurteilung der Gewässergüte.
Einzugsgebiete für Trinkwasser werden als Wasserschutzgebiete ausgewiesen.

2

Umweltzeichen für umweltfreundliche Produkte und Verfahren

AUFGABEN

1. Erläutern Sie den Kreislauf des Wassers in der Natur.
2. Beschreiben Sie die Gewinnung von chemisch reinem Wasser durch Destillation.
3. Welche Eigenschaften sprechen dafür, dass Wasser eine Molekülsubstanz ist?
4. Erläutern Sie die chemische Bindung im Wassermolekül.
5. Nach längerem Gebrauch ist ein Kochtopf mit Wasserstein belegt, der Deckel dagegen nicht. Erklären Sie diese Erscheinung!
6. Eine völlig mit Wasser gefüllte Flasche zerbricht im Tiefkühlfach. Erklären Sie diese Erscheinung.
7. Warum kann man einen Benzinbrand nicht mit Wasser löschen?
8. Warum bereitet man Kühlflüssigkeit für Autos aus destilliertem Wasser?
9. Warum soll man sich bei Inbetriebnahme einer Waschmaschine nach dem Härtegrad des Wassers erkundigen?
10. Warum entweicht aus einer gekühlten Selterflasche Kohlenstoffdioxid weniger heftig als aus einer angewärmten Flasche?
11. Erläutern Sie Bedeutung und Bedingungen der Fotosynthese.
12. Beschreiben Sie Herkunft, Gewinnung und Verteilung des Trinkwassers im Heimatort.
13. Erläutern Sie Möglichkeiten zum sparsamen Umgang mit Trinkwasser im Haushalt.
14. Trinkwasser ist das wichtigste und bekömmlichste Lebensmittel. Begründen Sie!
15. Weshalb ist der Gehalt an Sauerstoff ein wichtiges Kriterium für intakte Gewässer?
16. Nennen Sie Beispiele, wie man im Haushalt zum Gewässerschutz beitragen kann.

Energieträger

Energiebedarf und Energiequellen. Heute ist für uns ein Leben ohne warme Wohnung, ohne Elektrizität oder ohne Kraftfahrzeug kaum noch vorstellbar.
Unsere wichtigste Energiequelle ist die Sonne:
- direkte Nutzung der Sonneneinstrahlung,
- indirekte Nutzung in Form von Wind- und Wasserkraft,
- Nutzung der in Biomasse gespeicherten Sonnenenergie: fossile Energieträger (Kohle, Erdöl, Erdgas), erneuerbare Energieträger (Holz, Stroh, Biogas, Deponiegas).

Energie wird von einer Form in eine andere umgewandelt: Wärme, elektrische Energie, mechanische Energie, chemische Energie.
Bei endothermen Reaktionen (beispielsweise: Fotosynthese) wird in den Reaktionsprodukten Energie als chemische Energie „gespeichert". Bei exothermen Reaktionen (beispielsweise: Verbrennungen) wird chemische Energie in Wärme oder mechanische Energie umgewandelt.

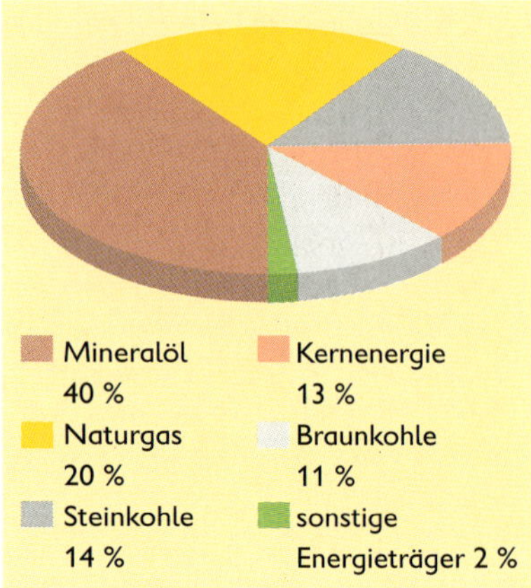

1 Deckung des Primärenergiebedarfs 1997 in Deutschland

Fossile Energieträger. Gegenwärtig werden in Deutschland hauptsächlich fossile Energieträger zur Deckung des Primärenergiebedarfs genutzt (Abb. 1): Kohlen, Erdöl und Erdgas (Tabelle). Wenn **Kohle** lediglich verfeuert wird, gehen wichtige Kohlewertstoffe verloren (↗ S. 40). Beim Erhitzen der Kohle unter Luftabschluss (Entgasung) gewinnt man neben Heizgas noch Koks und Teer (Experiment 32). Lässt man die Kohle mit Wasserdampf und Luft reagieren (Vergasung), erhält man Gasgemische, die für großtechnische Synthesen (Ammoniak, Methanol) bedeutsam sind.
Erdöl (↗ S. 34 ff.) liefert nach Entfernen von Begleitstoffen durch Destillation unter anderem Vergaserkraftstoff, Dieselkraftstoff, Kerosin; Petroleum, Heizöl und Schmieröl; Paraffin und Bitumen. Durch Cracken lassen sich höher siedende Erdölfraktionen in besser verwertbare Stoffe umwandeln. Das gilt insbesondere für die Erhöhung der Ausbeute an Kraftstoffen.

2 Braunkohlen-Tagebau

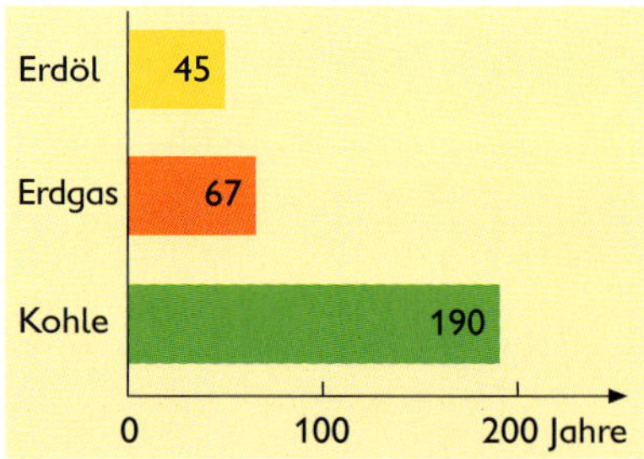

3 Vorrat an fossilen Energieträgern in Jahren bei gleichbleibendem Verbrauch

Energieträger	Alter (in Jahren)/ Bildung aus	Anteil Kohlenstoff/ Zusammensetzung	Heizwert/ Verwendung
Anthrazit	> 250 Mill. Sporenpflanzen	95 %	36 MJ/kg
Steinkohle	200 ··· 250 Mill. Sporenpflanzen	80 ··· 90 %	30 ··· 35 MJ/kg Koks, Teer, Heizgas; Synthesegas;
Braunkohle	20 ··· 60 Mill. Blütenpflanzen	60 ··· 70 %	25 ··· 30 MJ/kg Briketts; Heizkraftwerke
Erdöl	etwa 100 Mill. Kleinstlebewesen des Meeres	83 ··· 87 % Gemisch aus Kohlenwasserstoffen	40 ··· 45 MJ/kg Kraftstoffe, Heizöl, Bitumen, Petrochemikalien
Erdgas	wie Erdöl	70 ··· 80 % bis 95 % aus Methan	30 ··· 38 MJ/kg Heizgas

Experiment 32
Ein schwer schmelzbares Reagenzglas wird zur Hälfte mit zerkleinerter Steinkohle gefüllt, mit Glaswolle abgedeckt und mit einem Stopfen verschlossen, der mit einem 5 cm langen Glasrohr versehen ist. Die Kohle wird erhitzt. Veränderungen beobachten und entweichende Gase auf Brennbarkeit prüfen.

Alternativen für fossile Energieträger. Mindestens zwei Gründe zwingen zur umgehenden Lösung des Energieproblems:
1. die begrenzten Vorräte an fossilen Energieträgern, die als Rohstoffe unersetzbar sind (Abb. 3)
2. die Umweltbelastungen durch den Einsatz fossiler Energieträger zum Heizen und zum Antrieb von Verkehrsmitteln.

Zunächst ist **Energiesparen** ein entscheidender Schritt. Durch Änderung unserer Gewohnheiten im Umgang mit Energie kann der Energiebedarf im Haushalt erheblich gesenkt werden.
Vor allem sind **naturgegebene Energiequellen** zu nutzen. Durch direkte Nutzung der Sonnenenergie in Fotovoltaik-Anlagen (Abb. 4), durch Ausbau der Windkraftwerke (Abb. 5) sowie durch Nutzung der Erdwärme kann man trotz hoher Kosten für technische Ausrüstungen das Energieproblem auf Dauer lösen.
Nachwachsende Rohstoffe als **erneuerbare Energieträger** (Holz, pflanzliche Abfälle, Biogas) können nur einen sehr geringen Teil des Energiebedarfs decken. Dabei sind Schadstoffemissionen nicht zu vermeiden.
Ein besonderes Problem sind Alternativen für den Antrieb von Verkehrsmitteln. Mit **Biodiesel** (↗ S. 64) lässt sich nur ein sehr geringer Teil des Bedarfs decken. Dem Antrieb von Verkehrsmitteln mit Elektroenergie oder **Wasserstoff** gehört wohl die Zukunft. Wasserstoff hat einen hohen Heizwert und verbrennt frei von Schadstoffen. Heute wird Wasserstoff bereits als Treibstoff bei Flügen in den Weltraum eingesetzt. Wasserstoff kann in nahezu unbegrenzten Mengen durch Elektrolyse von Wasser unter Nutzung naturgegebener Energiequellen gewonnen werden.

4
Fotovoltaik-Anlagen

5
Windkraftwerk

AUFGABEN

1. Nennen Sie fünf Beispiele für Energieumwandlungen im Haushalt.
2. Erläutern Sie einige Energieumwandlungen beim Fahren mit dem PKW.
3. Erläutern Sie die Begriffe a) exotherme Reaktion, b) endotherme Reaktion.
4. Erläutern Sie die Rolle der Sonnenenergie bei der Fotosynthese.
5. Was sind fossile Energieträger?
6. Wie hoch ist der Anteil fossiler Energieträger am Energiebedarf (Abb. 1)?
7. Beschreiben Sie den Abbau der Braunkohle im Tagebau und dabei auftretende Probleme.
8. Nennen Sie Vorkommen von Steinkohle und Braunkohle in Deutschland.
9. Entwickeln Sie Reaktionsgleichungen für
   a) die Reaktion von Kohle mit Luft,
   b) die Reaktion von Kohle mit Wasserdampf.
10. Erläutern Sie die Entstehung von Erdöl und dessen Förderung.
11. Nennen Sie Vorkommen von Erdöl und Erdgas in Deutschland und weltweit.
12. Welches Volumen an Kohlenstoffdioxid entsteht bei der Verbrennung von 1 m^3 Erdgas, das zu 80 % aus Methan besteht?
13. Zu welcher Reaktionsart gehört Cracken? Entwickeln Sie für das Cracken von Hexadecan $C_{16}H_{34}$ eine Reaktionsgleichung.
14. Nennen Sie aus Erdöl gewinnbare Ausgangsstoffe für die Produktion von Kunststoffen.
15. Welches Volumen an Kohlenstoffdioxid wird maximal bei der Verbrennung von 1 l Octan (ϱ = 0,702 g/cm^3) im Motor gebildet?
16. Diskutieren Sie Möglichkeiten zum sparsamen Umgang mit Energie im Haushalt.
17. Erläutern Sie die Vorteile naturgegebener Energiequellen.
18. Diskutieren Sie Vor- und Nachteile von Müllverbrennungsanlagen.
19. Warum ist die Suche nach Alternativen für Kraftstoffe von so großer Bedeutung?
20. Diskutieren Sie Vor- und Nachteile von Biodiesel.

Chemie im Überblick

Chemie ist die Wissenschaft von den **Stoffen**, ihrem Bau aus Teilchen, ihren Eigenschaften und den **chemischen Reaktionen**, die zu anderen Stoffen führen.

Stoffe

Alle Gegenstände bestehen aus Stoffen;
Stoffe erkennt man an bestimmten Eigenschaften.

Einteilung der Stoffe

Stoffe

- **Reinstoffe**
  - bestehen aus einem Stoff
  - können durch physikalische Trennverfahren nicht in andere Stoffe zerlegt werden, z. B. Sauerstoff, Wasser
- **Stoffgemische**
  - bestehen aus mehreren Reinstoffen
  - können durch physikalische Trennverfahren in Reinstoffe zerlegt werden, z. B. Luft, Zuckerlösung, Erdöl

Trennverfahren (Stoffgemische → Reinstoffe)
Sieben,
Dekantieren,
Filtrieren,
Lösen,
Eindampfen,
Destillieren

Reinstoffe

werden durch bestimmte chemische Zeichen gekennzeichnet:
Symbol – kennzeichnet auch 1 Atom eines Elements,
Formel – kennzeichnet auch 1 Molekül oder 1 Baueinheit eines Stoffes.

Einteilung der Reinstoffe

Reinstoffe

- **Chemische Elemente**
  - **Metalle**
  - **Nichtmetalle**
- **Chemische Verbindungen**
  - **Anorganische Verbindungen**
  - **Organische Verbindungen**

Chemisches Element

Reinstoff, der nur aus einer Atomart aufgebaut ist.

Chemische Verbindung

Reinstoff, der sich in zwei oder mehrere Stoffe zerlegen lässt.

Stoffportion

Abgegrenzter Teil eines Stoffes, angegeben als
Stoffmenge n, **Masse m**, **Volumen V** (bei Gasen).

Satz von Avogadro

Gleiche Volumen aller Gase enthalten bei gleicher Temperatur und gleichem Druck die gleiche Anzahl von Teilchen.

Bau und Eigenschaften der Stoffe

Art der Stoffe	**Metalle**	**Ionensubstanzen**	**Molekülsubstanzen**
Chemische Bindung	Metallbindung zwischen positiv elektrisch geladenen Atomrümpfen und frei beweglichen Elektronen	Ionenbindung zwischen positiv bzw. negativ elektrisch geladenen Teilchen (Ionen)	Atombindung zwischen Atomen in den Molekülen durch gemeinsame Elektronenpaare
Bau der Stoffe	regelmäßige, stabile Anordnung der Teilchen im Atomverband	stabile Anordnung von entgegengesetzt geladenen Teilchen im Ionenverband	schwache Kräfte zwischen den Molekülen, die durch Wärme leicht zu überwinden sind
Typische Eigenschaften	sehr gute elektrische Leiter hohe Festigkeit hohe Schmelz- und Siedetemperatur	Nichtleiter als feste Stoffe hohe Festigkeit hohe Schmelz- und Siedetemperatur	Nichtleiter geringe Festigkeit niedrige Schmelz- und Siedetemperatur

Atom

Kleinstes Teilchen, aus dem chemische Elemente aufgebaut sind.

Bau der Atome

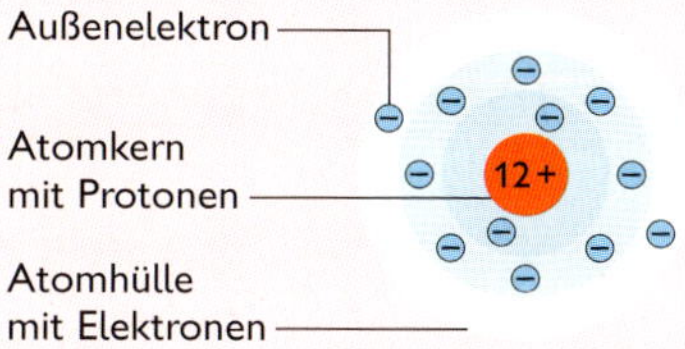

Bau des Magnesiumatoms
Ordnungszahl 12
12 Protonen
12 Elektronen
(2 Außenelektronen)

Molekül

Stabiles, aus zwei oder mehreren Atomen zusammengesetztes Teilchen.

Ion

Elektrisch geladenes Teilchen von der Größe eines Atoms (die Ladung wird oben rechts am Symbol angegeben).

Bau von Ionen

Metall-Ionen sind positiv elektrisch geladene Teilchen.
Nichtmetall-Ionen sind negativ elektrisch geladene Teilchen.

Periodensystem der Elemente (PSE)

Anordnung der Elemente nach steigender Ordnungszahl in Haupt- und Nebengruppen sowie Perioden (↗ am Ende des Lehrbuches).

Elemente im PSE

Metalle in der 1. bis 3. Hauptgruppe, in den Nebengruppen und teilweise in der 4. Hauptgruppe (relativ wenige Außenelektronen);
Nichtmetalle in der 5. bis 7. Hauptgruppe und teilweise in der 4. Hauptgruppe (relativ viele Außenelektronen);
Edelgase in der 8. Hauptgruppe (voll besetzte Außenschale, die als „Edelgaskonfiguration" bezeichnet wird).

PSE und Atombau

Ordnungszahl ≙ Anzahl der Protonen im Atomkern ≙ Anzahl der Elektronen in der Atomhülle

Nummer der Hauptgruppe ≙ Anzahl der Außenelektronen

Anorganische Verbindungen

Anorganische Verbindungen
- Oxide
- Metallhydroxide
- Säuren
- Salze

Oxide

– können durch Reaktion von Metallen und Nichtmetallen mit Sauerstoff gebildet werden (Oxidation):

$2\ Mg + O_2 \longrightarrow 2\ MgO$ $C + O_2 \longrightarrow CO_2$

Metallhydroxide (Basen)

– können durch Reaktion von Metalloxiden mit Wasser gebildet werden,
– dissoziieren in wässriger Lösung in Metall-Ionen und Hydroxid-Ionen.

$CaO + H_2O \longrightarrow Ca(OH)_2$
$Ca(OH)_2 \longrightarrow Ca^{2+} + 2\ OH^-$

Säuren

– können durch Reaktion von Nichtmetalloxiden mit Wasser gebildet werden,
– dissoziieren in wässriger Lösung in Wasserstoff-Ionen und Säurerest-Ionen

$SO_3 + H_2O \longrightarrow H_2SO_4$
$H_2SO_4 \longrightarrow 2\ H^+ + SO_4^{2-}$

Salze

– sind aus Metall-Ionen und Säurerest-Ionen aufgebaut,
– in wässriger Lösung dissoziieren Salze in frei bewegliche Ionen:

$Na_2SO_4 \longrightarrow 2\ Na^+ + SO_4^{2-}$

pH-Wert

Zahl zur genaueren Kennzeichnung von sauren, basischen und neutralen Lösungen, ermittelt mit Universalindikator (Farbabstufungen) oder pH-Messgerät:

$pH < 7$: sauer $pH = 7$: neutral $pH > 7$: basisch

Organische Verbindungen

Organische Verbindungen
- **Kohlenwasserstoffe**
  - Alkane
  - Alkene
  - Alkine
- **Verbindungen mit sauerstoffhaltigen funktionellen Gruppen im Molekül**
  - Alkanole
  - Alkanale
  - Alkansäuren
  - Ester
  - Seifen
- **Naturstoffe**
  - Fette
  - Eiweiße
  - Kohlenhydrate

Strukturmerkmale der Moleküle und Reaktionen von Kohlenwasserstoffen

Kohlenwasserstoffe	Strukturmerkmal der Moleküle	Chemische Reaktionen	Reaktionsgleichungen für einige Beispiele
Alkane	Einfachbindung	Substitution	$CH_3-CH_3 + Cl_2 \longrightarrow CH_3-CH_2Cl + HCl$
		Eliminierung	$CH_3-CH_3 \longrightarrow CH_2{=}CH_2 + H_2$
Alkene	Doppelbindung	Addition	$CH_2{=}CH_2 + H_2 \longrightarrow CH_3-CH_3$
		Polymerisation	$n\ CH_2{=}CH_2 \longrightarrow \left[CH_2-CH_2\right]_n$
Alkine	Dreifachbindung	Addition	$CH{\equiv}CH + HCl \longrightarrow CH_2{=}CHCl$

Einige organische Verbindungen mit funktionellen Gruppen

Organische Verbindungen	Funktionelle Gruppe	Chemische Reaktionen	Reaktionsgleichungen für einige Beispiele
Alkanole	Hydroxylgruppe $-OH$	Reaktion mit Natrium	$2\ C_2H_5OH + 2\ Na \longrightarrow 2\ C_2H_5ONa + H_2$
		Dehydrierung Esterbildung	$CH_3-CH_2OH \longrightarrow CH_3-C\begin{smallmatrix}{=}O\\ \diagdown H\end{smallmatrix} + H_2$
Alkanale	Aldehydgruppe $-C\begin{smallmatrix}{=}O\\ \diagdown H\end{smallmatrix}$	reduzierende Wirkung	$CH_3-C\begin{smallmatrix}{=}O\\ \diagdown H\end{smallmatrix} + CuO \longrightarrow CH_3-C\begin{smallmatrix}{=}O\\ \diagdown OH\end{smallmatrix} + Cu$
Alkansäuren	Carboxylgruppe $-C\begin{smallmatrix}{=}O\\ \diagdown OH\end{smallmatrix}$	Reaktion mit unedlen Metallen Esterbildung	$2\ CH_3-COOH + Zn \longrightarrow Zn\ (CH_3-COO)_2 + H_2$

Ester

Organische Verbindungen, die durch chemische Reaktionen von Alkanolen mit Alkansäuren gebildet werden können:

$$C_3H_7COOH + HO-C_2H_5 \longrightarrow C_3H_7COOC_2H_5 + H_2O$$

Seifen

Natrium- oder Kaliumsalze von Fettsäuren, kettenförmigen Alkansäuren mittlerer Kettenlänge;
finden als waschaktive Substanzen Verwendung.

Fette

Naturstoffe, die als Ester aus Glycerin sowie gesättigten und ungesättigten Fettsäuren gebildet werden können;
- bei Zimmertemperatur flüssige Fette werden als fette Öle bezeichnet
- bei der Verseifung von Fetten entstehen Glycerin und Seifen.

Kohlenhydrate

Naturstoffe mit der allgemeinen Formel $C_n(H_2O)_m$:
- Monosaccharide (Glucose, Fructose): $C_6H_{12}O_6$
- Disaccharide (Saccharose, Maltose): $C_{12}H_{22}O_{11}$
- Polysaccharose (Stärke, Cellulose): $(C_6H_{10}O_5)_n$

Eiweiße

Makromolekulare Naturstoffe, deren wesentliche Bausteine 20 verschiedene Aminosäuren sind; Aminosäuren verfügen über die Amino-Gruppe $-NH_2$ und die Carboxyl-Gruppe $-COOH$ als funktionelle Gruppen; Aminosäuren sind über Peptidbindungen zu Eiweißmolekülen verbunden.

Chemische Reaktion

Vorgang der Stoffumwandlung, der immer mit einer Energieumwandlung verbunden ist.
Ausgangsstoffe $\longrightarrow$ Reaktionsprodukte
- exotherme Reaktion: Wärme wird abgegeben,
- endotherme Reaktion: Wärme wird aufgenommen;

Teilchen (Atome, Moleküle, Ionen) werden verändert oder umgeordnet.

Gesetz von der Erhaltung der Masse

Bei jeder chemischen Reaktion ist die Masse der Ausgangsstoffe gleich der Masse der Reaktionsprodukte: $m(\text{As}) = m(\text{Rp})$.

Reaktionsgleichung

- kennzeichnet eine chemische Reaktion durch chemische Zeichen;
- gibt das Zahlenverhältnis an, in dem Teilchen reagieren;
- ist international verständlich.

Entwickeln einer Reaktionsgleichung

1. Wortgleichung (gedanklich)		Methan	+ Sauerstoff	$\longrightarrow$	Kohlenstoffdioxid	+ Wasser	
2. Chemische Zeichen ermitteln		CH_4	+ O_2		CO_2	+ H_2O	
3. Faktoren schrittweise ermitteln		CH_4	+ 2 O_2	$\longrightarrow$	CO_2	+ 2 H_2O	
4. Kontrolle durchführen	(C)	1		=	1		1 = 1
	(H)	1 · 4		=		2 · 2	4 = 4
	(O)		2 · 2	=	1 · 2	+ 2 · 1	4 = 4

Reaktionsgleichung in Ionenschreibweise

ausführlich: $Ag^+ + NO_3^- + Na^+ + Cl^- \longrightarrow Na^+ + Cl^- + AgCl$
gekürzt: $Ag^+ + Cl^- \longrightarrow AgCl$

Quantitative Betrachtungen

Reaktionsgleichungen kennzeichnen Stoffmengenverhältnisse.
Bei allen chemischen Reaktionen reagieren die Stoffe in bestimmten Stoffmengenverhältnissen und proportional dazu in bestimmten Massen- und Volumenverhältnissen.
Bei Reaktionen zwischen Gasen ist das Stoffmengenverhältnis gleich dem Volumenverhältnis.

Schrittfolge für Berechnungen bei chemischen Reaktionen

(1) Die gesuchte und die gegebene Größe werden getrennt aufgeschrieben.
(2) Die Reaktionsgleichung wird entwickelt und ermöglicht Aussagen zu den Stoffmengenverhältnissen.
(3) Der proportionale Zusammenhang zwischen gesuchter und gegebener Größe ermöglicht die Lösung der Aufgabe. Dabei sind die Beziehungen $m = n \cdot M$ und $V = n \cdot V_m$ zu beachten.
(4) Nach dem Umformen werden eingesetzt:
- Stoffmengen nach der Reaktionsgleichung,
- molare Masse aus der Tabelle,
- molares Volumen aus dem Gedächtnis,
- gegebene Größe entsprechend der Aufgabe.

(5) Das Ergebnis (Zahlenwert und Einheit) wird unterstrichen und kann als Antwortsatz formuliert werden.

Aufgabe: Welches Volumen Wasserstoff kann bei 0 °C mit 2 g Zink und verdünnter Salzsäure hergestellt werden?

(1) *Gesucht:* $V(H_2)$ *Gegeben:* $m(\text{Zn}) = 2\ \text{g}$

(2) $Zn + 2\ HCl \longrightarrow ZnCl_2 + H_2$

(3) $\dfrac{V(H_2)}{m(\text{Zn})} = \dfrac{n(H_2) \cdot V_m}{n(\text{Zn}) \cdot M(\text{Zn})}$

(4) $V(H_2) = \dfrac{1\ \text{mol} \cdot 22{,}4\ \frac{\text{l}}{\text{mol}}}{1\ \text{mol} \cdot 65\ \frac{\text{g}}{\text{mol}}} \cdot 2\ \text{g}$

(5) $\underline{V(H_2) = 0{,}68\ \text{l}}$

Mit 2 g Zink kann man 0,68 l Wasserstoff herstellen.

Arten chemischer Reaktionen

Oxidation

Chemische Reaktion von Stoffen mit Sauerstoff

$4\,Al + 3\,O_2 \longrightarrow 2\,Al_2O_3$ $\quad$ $2\,CO + O_2 \longrightarrow 2\,CO_2$

Redoxreaktionen

Reduktion und Oxidation laufen gleichzeitig ab; Stoffe werden mittels Reduktionsmittel reduziert.

Reduktion

$3\,CuO + 2\,Fe \longrightarrow 3\,Cu + Fe_2O_3$

Oxidation

Neutralisation

Saure Lösung und basische Lösung reagieren zu einer neutralen Lösung

$H^+ + OH^- \longrightarrow H_2O$

Fällungsreaktion

Frei bewegliche Ionen bilden in wässriger Lösung einen Niederschlag.

$Ba^{2+} + SO_4^{2-} \longrightarrow BaSO_4$

Thermische Zersetzung

Stoffe werden durch Erhitzen in zwei oder mehrere Stoffe zerlegt.

$CaCO_3 \longrightarrow CaO + CO_2$

Bildung von Salzlösungen

Unedles Metall + Säure	$Zn + 2\,HCl$	$\longrightarrow ZnCl_2 + H_2$
Metalloxid + Säure	$CuO + 2\,HCl$	$\longrightarrow CuCl_2 + H_2O$
Metallhydroxid + Säure	$Ca(OH)_2 + H_2SO_4$	$\longrightarrow CaSO_4 + 2\,H_2O$
Carbonat + Säure	$CaCO_3 + 2\,HCl$	$\longrightarrow CaCl_2 + H_2O + CO_2$
Metall + Nichtmetall	$2\,Na + Cl_2$	$\longrightarrow 2\,NaCl$

Substitution

Zwischen Molekülen der Ausgangsstoffe werden Atome oder Atomgruppen ausgetauscht (Bildung von Halogenalkanen, Esterbildung und Esterverseifung).

$C_6H_{14} + Br_2 \longrightarrow C_6H_{13}Br + HBr$

Eliminierung

Aus Molekülen der Ausgangsstoffe werden Atome oder Atomgruppen abgespalten (Dehydrierung, Cracken).

$C_2H_6 \longrightarrow C_2H_4 + H_2$

Addition

Zwei oder mehr Moleküle der Ausgangsstoffe vereinigen sich zu einem Molekül des Reaktionsproduktes, ohne Bildung eines Nebenproduktes (Hydrierung, Polymerisation, Entfärbung von Bromwasser).

$C_2H_4 + Br_2 \longrightarrow C_2H_4Br_2$

Polymerisation

Aus vielen Monomeren mit Mehrfachbindungen im Molekül werden makromolekulare Stoffe gebildet.

$n\ CH_2{=}CH_2 \xrightarrow{Kat.} [CH_2{-}CH_2]_n$

Gefahrensymbole, Kennbuchstaben und Gefahrenbezeichnungen (Auswahl)

Die Gefahrenbezeichnungen werden durch die R-Sätze für die einzelnen Stoffe präzisiert (↗ Seite 110 f.).

T

Giftige Stoffe (sehr giftige Stoffe T+) verursachen durch Einatmen, Verschlucken oder Aufnahme durch die Haut meist erhebliche Gesundheitsschäden oder gar den Tod.
Was tun? Nicht direkt berühren! Unwohlsein sofort dem Lehrer melden!

Xn

Gesundheitsschädliche Stoffe können durch Einatmen, Verschlucken oder Aufnahme durch die Haut gesundheitsschädigend wirken.
Was tun? Nicht direkt berühren! Unwohlsein sofort dem Lehrer melden!

C

Ätzende Stoffe zerstören das Hautgewebe oder die Oberfläche von Gegenständen.
Was tun? Berührung mit Haut, Augen und Kleidung vermeiden! Dämpfe nicht einatmen!

Xi

Reizende Stoffe haben Reizwirkung auf Haut, Augen und Atmungsorgane.
Was tun? Berührung mit Haut, Augen und Atmungsorganen vermeiden! Nicht einatmen!

F

Leichtentzündliche Stoffe (hochentzündliche Stoffe F+) entzünden sich von selbst an heißen Gegenständen.
Zu ihnen gehören selbstentzündliche Stoffe, leichtentzündliche gasförmige Stoffe, brennbare Flüssigkeiten und Stoffe, die mit Feuchtigkeit brennbare Gase bilden.
Was tun? Vorsicht beim Umgang mit offenen Flammen und Wärmequellen! Keine Berührung mit brandfördernden Stoffen!

O

Brandfördernde Stoffe können brennbare Stoffe entzünden oder ausgebrochene Brände fördern.
Was tun? Kontakt mit brennbaren Stoffen vermeiden!

E

Explosionsgefährliche Stoffe können unter bestimmten Bedingungen explodieren.
Was tun? Schlag, Stoß, Reibung, Funkenbildung und Hitzeeinwirkung vermeiden!

N

Umweltgefährliche Stoffe sind sehr giftig, giftig oder schädlich für Wasserorganismen und können in Gewässern längerfristig schädliche Wirkungen haben. In der nichtaquatischen Umwelt sind sie giftig für Pflanzen, Tiere, Bodenorganismen und Bienen, können auf die Umwelt längerfristig schädliche Wirkungen haben und für die Ozonschicht gefährlich sein.
Was tun? Freisetzung der Stoffe in die Umwelt vermeiden, Stoffe der Problemabfallentsorgung zuführen!

Gefahrenhinweise (R-Sätze)

R 1 In trockenem Zustand explosionsgefährlich
R 2 Durch Schlag, Reibung, Feuer oder andere Zündquellen explosionsgefährlich
R 3 Durch Schlag, Reibung, Feuer oder andere Zündquellen besonders explosionsgefährlich
R 4 Bildet hochempfindliche explosionsgefährliche Metallverbindungen
R 5 Beim Erwärmen explosionsfähig
R 6 Mit und ohne Luft explosionsfähig
R 7 Kann Brand verursachen
R 8 Feuergefahr bei Berührung mit brennbaren Stoffen
R 9 Explosionsgefahr bei Mischung mit brennbaren Stoffen
R 10 Entzündlich
R 11 Leichtentzündlich
R 12 Hochentzündlich
R 14 Reagiert heftig mit Wasser
R 15 Reagiert mit Wasser unter Bildung hochentzündlicher Gase
R 16 Explosionsgefährlich in Mischung mit brandfördernden Stoffen
R 17 Selbstentzündlich an der Luft
R 18 Bei Gebrauch Bildung explosionsfähiger/leichtentzündlicher Dampf-Luft-Gemische möglich
R 19 Kann explosionsfähige Peroxide bilden
R 20 Gesundheitsschädlich beim Einatmen
R 21 Gesundheitsschädlich bei Berührung mit der Haut
R 22 Gesundheitsschädlich beim Verschlucken
R 23 Giftig beim Einatmen
R 24 Giftig bei Berührung mit der Haut
R 25 Giftig beim Verschlucken
R 26 Sehr giftig beim Einatmen
R 27 Sehr giftig bei Berührung mit der Haut
R 28 Sehr giftig beim Verschlucken
R 29 Entwickelt bei Berührung mit Wasser giftige Gase
R 30 Kann bei Gebrauch leichtentzündlich werden
R 31 Entwickelt bei Berührung mit Säure giftige Gase
R 32 Entwickelt bei Berührung mit Säure sehr giftige Gase
R 33 Gefahr kumulativer Wirkungen
R 34 Verursacht Verätzungen
R 35 Verursacht schwere Verätzungen
R 36 Reizt die Augen
R 37 Reizt die Atmungsorgane
R 38 Reizt die Haut
R 39 Ernste Gefahr irreversiblen Schadens
R 40 Irreversibler Schaden möglich
R 41 Gefahr ernster Augenschäden
R 42 Sensibilisierung durch Einatmen möglich
R 43 Sensibilisierung durch Hautkontakt möglich
R 44 Explosionsgefahr bei Erhitzen unter Einschluss
R 45 Kann Krebs erzeugen
R 46 Kann vererbbare Schäden verursachen
R 48 Gefahr ernster Gesundheitsschäden bei längerer Exposition
R 49 Kann Krebs erzeugen beim Einatmen
R 50 Sehr giftig für Wasserorganismen
R 51 Giftig für Wasserorganismen
R 52 Schädlich für Wasserorganismen
R 53 Kann in Gewässern längerfristig schädliche Wirkungen haben
R 54 Giftig für Pflanzen
R 55 Giftig für Tiere
R 56 Giftig für Bodenorganismen
R 57 Giftig für Bienen
R 58 Kann längerfristig schädliche Wirkungen auf die Umwelt haben
R 59 Gefährlich für die Ozonschicht
R 60 Kann die Fortpflanzungsfähigkeit beeinträchtigen
R 61 Kann das Kind im Mutterleib schädigen
R 62 Kann möglicherweise die Fortpflanzungsfähigkeit beeinträchtigen
R 63 Kann das Kind im Mutterleib möglicherweise schädigen
R 64 Kann Säuglinge über die Muttermilch schädigen
R 65 Gesundheitsschädlich: Kann beim Verschlucken Lungenschäden verursachen
R 66 Wiederholter Kontakt kann zu spröder oder rissiger Haut führen
R 67 Dämpfe können Schläfrigkeit oder Benommenheit verursachen

Kombination der R-Sätze (Auswahl)

R 14/15 Reagiert heftig mit Wasser unter Bildung hochentzündlicher Gase
R 20/22 Gesundheitsschädlich beim Einatmen und Verschlucken
R 20/21/22 Gesundheitsschädlich beim Einatmen, Verschlucken und bei Berührung mit der Haut
R 21/22 Gesundheitsschädlich bei Berührung mit der Haut und beim Verschlucken
R 23/25 Giftig beim Einatmen und beim Verschlucken
R 23/24/25 Giftig beim Einatmen, Verschlucken und bei Berührung mit der Haut
R 24/25 Giftig bei Berührung mit der Haut und beim Verschlucken
R 36/37 Reizt die Augen und die Atmungsorgane
R 36/38 Reizt die Augen und die Haut
R 36/37/38 Reizt die Augen, Atmungsorgane und die Haut
R 42/43 Sensibilisierung durch Einatmen und Hautkontakt möglich
R 48/22 Gesundheitsschädlich: Gefahr ernster Gesundheitsschäden bei längerer Exposition durch Verschlucken
R 48/20/22 Gesundheitsschädlich: Gefahr ernster Gesundheitsschäden bei längerer Exposition durch Einatmen und durch Verschlucken
R 48/23 Giftig: Gefahr ernster Gesundheitsschäden bei längerer Exposition durch Einatmen
R 48/23/24/25 Giftig: Gefahr ernster Gesundheitsschäden bei längerer Exposition durch Einatmen, Berührung mit der Haut und durch Verschlucken

Sicherheitsratschläge (S-Sätze)

S 1 Unter Verschluss aufbewahren
S 2 Darf nicht in die Hände von Kindern gelangen
S 3 Kühl aufbewahren
S 4 Von Wohnplätzen fernhalten
S 5 Unter ... aufbewahren (geeignete Flüssigkeit vom Hersteller anzugeben)
S 6 Unter ... aufbewahren (inertes Gas vom Hersteller anzugeben)
S 7 Behälter dicht geschlossen halten
S 8 Behälter trocken halten
S 9 Behälter an einem gut gelüfteten Ort aufbewahren
S 12 Behälter nicht gasdicht verschließen
S 13 Von Nahrungsmitteln, Getränken und Futtermitteln fernhalten
S 14 Von ... fernhalten (inkompatible Substanzen sind vom Hersteller anzugeben)
S 15 Vor Hitze schützen
S 16 Von Zündquellen fernhalten – Nicht rauchen
S 17 Von brennbaren Stoffen fernhalten
S 18 Behälter mit Vorsicht öffnen und handhaben
S 20 Bei der Arbeit nicht essen und trinken
S 21 Bei der Arbeit nicht rauchen
S 22 Staub nicht einatmen
S 23 Gas/Rauch/Dampf/Aerosol nicht einatmen (geeignete Bezeichnung(en) vom Hersteller anzugeben)
S 24 Berührung mit der Haut vermeiden
S 25 Berührung mit den Augen vermeiden
S 26 Bei Berührung mit den Augen sofort gründlich mit Wasser abspülen und Arzt konsultieren
S 27 Beschmutzte, getränkte Kleidung sofort ausziehen
S 28 Bei Berührung mit der Haut sofort abwaschen mit viel ... (vom Hersteller anzugeben)
S 29 Nicht in die Kanalisation gelangen lassen
S 30 Niemals Wasser hinzugießen
S 33 Maßnahmen gegen elektrostatische Aufladungen treffen
S 35 Abfälle und Behälter müssen in gesicherter Weise beseitigt werden
S 36 Bei der Arbeit geeignete Schutzkleidung tragen
S 37 Geeignete Schutzhandschuhe tragen
S 38 Bei unzureichender Belüftung Atemschutzgerät anlegen
S 39 Schutzbrille/Gesichtsschutz tragen
S 40 Fußboden und verunreinigte Gegenstände mit ... reinigen (Material vom Hersteller anzugeben)
S 41 Explosions- und Brandgase nicht einatmen
S 42 Bei Räuchern/Versprühen geeignetes Atemschutzgerät anlegen (geeignete Bezeichnung(en) vom Hersteller anzugeben)
S 43 Zum Löschen ... (vom Hersteller anzugeben) verwenden (wenn Wasser die Gefahr erhöht, anfügen: „Kein Wasser verwenden")
S 45 Bei Unfall oder Unwohlsein sofort Arzt hinzuziehen (wenn möglich, dieses Etikett vorzeigen)
S 46 Bei Verschlucken sofort ärztlichen Rat einholen und Verpackung oder Etikett vorzeigen
S 47 Nicht bei Temperaturen über ... °C aufbewahren (vom Hersteller anzugeben)
S 48 Feucht halten mit ... (geeignetes Mittel vom Hersteller anzugeben)
S 49 Nur im Originalbehälter aufbewahren
S 50 Nicht mischen mit ... (vom Hersteller anzugeben)
S 51 Nur in gut gelüfteten Bereichen verwenden
S 52 Nicht großflächig für Wohn- und Aufenthaltsräume verwenden
S 53 Exposition vermeiden – vor Gebrauch besondere Anweisungen einholen
S 56 Diesen Stoff und seinen Behälter der Problemabfall-entsorgung zuführen
S 57 Zur Vermeidung einer Kontamination der Umwelt geeigneten Behälter verwenden
S 59 Information zur Wiederverwendung/Wiederverwertung beim Hersteller/Lieferanten erfragen
S 60 Dieser Stoff und sein Behälter sind als gefährlicher Abfall zu entsorgen
S 61 Freisetzung in die Umwelt vermeiden. Besondere Anweisungen einholen/Sicherheitsdatenblatt zu Rate ziehen
S 62 Bei Verschlucken kein Erbrechen herbeiführen. Sofort ärztlichen Rat einholen und Verpackung oder dieses Etikett vorzeigen

Kombination der S-Sätze (Auswahl)

S 1/2 Unter Verschluss und für Kinder unzugänglich aufbewahren
S 7/8 Behälter trocken und dicht geschlossen halten
S 7/9 Behälter dicht geschlossen an einem gut gelüfteten Ort aufbewahren
S 24/25 Berührung mit den Augen und der Haut vermeiden
S 36/37 Bei der Arbeit geeignete Schutzhandschuhe und Schutzkleidung tragen
S 36/37/39 Bei der Arbeit geeignete Schutzhandschuhe, Schutzkleidung und Schutzbrille/Gesichtsschutz tragen
S 36/39 Bei der Arbeit geeignete Schutzkleidung und Schutzbrille/Gesichtsschutz tragen
S 37/39 Bei der Arbeit geeignete Schutzhandschuhe und Schutzbrille/Gesichtsschutz tragen

Entsorgungsratschläge (E-Sätze)

E 1 Verdünnen, in den Ausguss geben (WGK 0 bzw. 1)
E 2 Neutralisieren, in den Ausguss geben
E 3 In den Hausmüll geben, gegebenenfalls in PE-Beutel (Stäube)
E 4 Als Sulfid fällen
E 5 Mit Calcium-Ionen fällen, dann E 1 oder E 3
E 6 Nicht in den Hausmüll geben
E 7 Im Abzug entsorgen; wenn möglich, verbrennen
E 8 Der Sondermüllbeseitigung zuführen (Adresse zu erfragen bei der Kreis- oder Stadtverwaltung) Abfallschlüssel beachten
E 9 Unter größter Vorsicht in kleinsten Portionen reagieren lassen (z. B. offen im Freien verbrennen)
E 10 In gekennzeichneten Glasbehältern sammeln:
1. „Organische Abfälle – halogenhaltig"
2. „Organische Abfälle – halogenfrei"
dann E 8
E 11 Als Hydroxid fällen (pH = 8), den Niederschlag zu E 8
E 12 Nicht in die Kanalisation gelangen lassen (S-Satz S 29)
E 13 Aus der Lösung mit unedlem Metall (z. B. Eisen) als Metall abscheiden (E 14, E 3)
E 14 Recycling-geeignet (Redestillation oder einem Recycling-unternehmen zuführen)
E 15 Mit Wasser vorsichtig umsetzen, evtl. frei werdende Gase verbrennen oder absorbieren oder stark verdünnt ableiten
E 16 Entsprechend den Ratschlägen für die Beseitigungsgruppen beseitigen

Hinweise zu den folgenden Tabellen

Beim Arbeiten mit Chemikalien sind die geltenden Rechtsvorschriften (Chemikaliengesetz, Gefahrstoffverordnung, Technische Regeln für den Umgang mit Gefahrstoffen, Arbeits- und Unfallschutzvorschriften) einzuhalten. Dies gilt in gleichem Maße für die Entsorgung der beim Arbeiten anfallenden Gefahrstoffabfälle; das grundlegende Gesetz hierbei ist das Abfallgesetz.

Alle in diesem Buch bei Experimenten angeführten Gefahrstoffe werden in einer Liste, Seite 110 f., mit den jeweils zutreffenden R-, S- und E-Sätzen aufgeführt. Die Übersicht zur Entsorgung von Gefahrstoffabfällen, Seite 112, stellt den prinzipiellen Ablauf der Behandlung und des Sammelns bis zur Entsorgung sowie der Übergabe der Gefahrstoffabfälle zur Sondermüllentsorgung dar. Die Behandlung und das Sammeln der Abfälle setzt solide Kenntnisse der Lehrer(innen) voraus. Daher kann die Übersicht nur eine Orientierungshilfe sein.

Liste von Gefahrstoffen

[1] + Schülerexperimente mit diesen Stoffen erlaubt
○ Schülerexperimente mit diesen Stoffen nicht untersagt, aber möglichst Ersatzstoffe suchen
– Schülerexperimente mit diesen Stoffen nicht erlaubt
* Schülerexperimente mit diesen Stoffen nur in der gymnasialen Oberstufe gestattet
–w Experimente mit diesen Stoffen für Schülerinnen nicht erlaubt

Gefahrstoffe	Kennbuchstabe	R-Sätze	S-Sätze	E-Sätze	Schülerexperimente[1]
Aceton (Propanon)	F, Xi	11–36–66–67	(2)–9–16–26	1–10–14	+
Aluminiumpulver	F	15–17	(2)–7/8–43	6–9	+
Ameisensäure (Methansäure) ≥ 90 %	C	35	(1/2)–23–26–45	1–10	+
Ameisensäure 10 % ··· 90 %	C	34	(1/2)–23–26–45	1–10	+
Ammoniak, wasserfrei	T, N	10–23–34–50	(1/2)–9–16–26–36/37/39–45–61	2–7	○
Ammoniaklösung 10 % ··· 25 %	C	34	(1/2)–26–36/37/39–45–61	2	+
Ammoniaklösung 5 % ··· 10 %	Xi	36/37/38	(1/2)–26–36/37/39–45–61	2	+
Ammoniumchlorid	Xn	22–36	(2)–22	1	+
Bariumchloridlösung ≥ 25 %	Xn	20/22	(1/2)–45	1–3	+
Bariumhydroxid-8-Wasser	C	20/22–34	26–36/37/39–45	1–3	+
Brom	T+, C, N	26–35–50	(1/2)–7/9–26–45–61	16	–
Bromwasser 1 % ··· 5 %	T, Xi	23–24	7/9–26	16	○
Bromethan (Ethylbromid)	F, Xn	11–20/22–40	(2)–36/37	10	–
Bromwasserstoff	C	35–37	(1/2)–7/9–26–45	2	+
Butan	F+	12	(2)–9–16	7	+
Buttersäure	C	34	(1/2)–26–36–45	10	+
Calcium	F	15	(2)–8–24/25–43	15	+
Calciumcarbid	F	15	(2)–8–43	15–16	+
Calciumchlorid	Xi	36	(2)–22–24	1	+
Calciumhydroxid	C	34	26–36/37/39–45	2	+
Calciumoxid	C	34	26–36	2	+
Chlor	T, N	23–36/37/38–50	(1/2)–9–45–61	16	○
Chlorethan (Ethylchlorid)	F+, Xn, N	12–40–52/53	(2)–9–16–33–36/37–61	7–12	*
Chlormethan (Methylchlorid)	F+, Xn	12–40–48/20	(2)–9–16–33	7–12	–
Chloroform (Trichlormethan)	Xn	22–38–40–48/20/22	(2)–36/37	10–12	–w
Chlorwasser 0,5 % ··· 5 %	Xn	20–36/37/38–50	9–45–61	16	○
Chlorwasserstoff	T, C	23–25	(1/2)–9–26–36/37/39–45	2	○
Cyclohexan	F, Xn, N	11–38–50/53–65–67	(2)–9–16–33–60–61–62	10–12	+
1,2-**D**ibromethan	T, N	45–23/24/25–36/37/38–51/53	53–45–61	10–12	–
Eisen(III)-chlorid-6-Wasser	Xn	22–38–41	26–39	2	+
Eisen(II)-sulfatlösung ≥ 25 %	Xn	22	24–25	1	+
Essigsäure (Ethansäure) 25 % ··· 90 %	C	34	(1/2)–23–26–45	2–10	+
Essigsäure (Ethansäure) 10 % ··· 25 %	Xi	36/38	23–26	2–10	+
Essigsäureethylester (Ethylacetat)	F, Xi	11–36–66–67	(2)–16–26–33	10–12	+
Ethanal (Acetaldehyd)	F+, Xn	12–36/37–40	(2)–16–33–36/37	9–10–12–16	*
Ethanallösung ≥ 10 %	Xn	36/37–40	(2)–16–33–36/37	9–10–12–16	*
Ethanol (Ethylalkohol)	F	11	(2)–7–16	1–10	+
Ethen (Ethylen)	F+	12	(2)–9–16–33	7	+
Ethin (Acethylen)	F+	5–6–12	(2)–9–16–33	7	*
FEHLINGsche Lösung II	C	35	(2)–26–27–37/39	2	+
Heptan	F, Xn, N	11–38–50/53–65–67	(2)–9–16–29–33–60–61–62	10–12	+
Hexan	F, Xn, N	11–38–48/20–51/53–62–65–67	(2)–9–16–29–33–36/37–61–62	10–12	+
Hexen	F	11	9–16–23–29–33	10–12	+
Iod	Xn	20/21	(2)–23–25	1–16	+
Kaliumhydroxid	C	22–35	(1/2)–26–36/37/39–45	2	+
Kaliumhydroxidlösung 5 % ··· 25 %	C	35	(1/2)–26–36/37/39–45	2	+
Kaliumhydroxidlösung 2 % ··· 5 %	C	34	(1/2)–26–36/37/39–45	2	+
Kaliumhydroxidlösung 0,5 % ··· 2 %	Xi	36/38	26	2	+
Kaliumpermanganat	O, Xn, N	8–22–50/53	(2)–60–61	1–6	+
Kaliumpermanganatlösung ≥ 25 %	Xn	22	(2)	1–6	+
Kupfer(I)-oxid	Xn	22	(2)–22	8–16	+
Kupfer(II)-sulfat-5-Wasser	Xn, N	22–36/38–50/53	(2)–22–60–61	11	+
Kupfer(II)-sulfatlösung ≥ 25 %	Xn	22–36/38	(2)–22	11	+

Liste von Gefahrstoffen

[1] + Schülerexperimente mit diesen Stoffen erlaubt
o Schülerexperimente mit diesen Stoffen nicht untersagt, aber möglichst Ersatzstoffe suchen
– Schülerexperimente mit diesen Stoffen nicht erlaubt
* Schülerexperimente mit diesen Stoffen nur in der gymnasialen Oberstufe gestattet
–w Experimente mit diesen Stoffen für Schülerinnen nicht erlaubt

Gefahrstoffe	Kenn-buchstabe	R-Sätze	S-Sätze	E-Sätze	Schüler-experimente[1]
Magnesiumspäne	F	11–15	(2)–7/8–43	3	+
Mangandioxid (Braunstein)	Xn	20/22	(2)–25	3	+
Methan	F+	12	(2)–9–16–33	7	+
Methanal(Formaldehyd)-lösung ≥ 25 %	T	23/24/25–34–40–43	(1/2)–26–36/37/39–45–51	10–12–16	o
Methanal(Formaldehyd)-lösung 5 % ··· 25 %	Xn	20/21/22–36/37/38–40–43	(1/2)–26–36/37/39–45–51	1–10	o
Methanal(Formaldehyd)-lösung 1 % ··· 5 %	Xn	40–43	23–37	1	o
Methanol (Methylalkohol)	F, T	11–23/24/25–39/23/24/25	(1/2)–7–16–36/37–45	1–10	o
Natrium	F, C	14/15–34	(1/2)–5–8–43–45	6–12–16	o
Natriumcarbonat-10-Wasser	Xi	36	(2)–22–26	1	+
Natriumhydroxid (Ätznatron)	C	35	(1/2)–26–37/39–45	2	+
Natriumhydroxidlösung ≥ 5 %	C	35	(1/2)–26–37/39–45	2	+
Natriumhydroxidlösung 2 % ··· 5 %	C	34	(1/2)–26–37/39–45	1	+
Natriumhydroxidlösung 0,5 % ··· 2 %	Xi	36/38	28	1	+
Nicotin	T+, N	25–27–51/53	(1/2)–36/37–45–61	10–16	–
Octan	F, Xn, N	11–38–50/53–65–67	(2)–9–16–29–33–60–61–62	10–12	+
Oxalsäure-2-Wasser	Xn	21/22	(2)–24/25	5	+
Ozon	O, T	34–36/37/38		7	o
Pentan	F+, Xn, N	12–51/53–65–66–67	(2)–9–16–29–33–61–62	10–12	+
Pentanol	Xn	10–20	(2)–24/25	10–14	+
Petrolether	F	11	9–16–29–33	10–12	+
Petroleumbenzin	F	11	9–16–29–33	10–12	+
Phosphorsäure ≥ 25 %	C	34	(1/2)–26–45	2	+
Phosphorsäure 10 % ··· 25 %	Xi	36/38	25	1	+
Propan	F+	12	(2)–9–16	7	+
Propanol	F, Xi	11–41–67	(2)–7–16–24–26–29	10	+
Quecksilber	T, N	23–33–50/53	(1/2)–7–45–60–61	6–12–14–16	–
Salpetersäure ≥ 70 %	O, C	8–35	(1/2)–23–26–36–45	2	o
Salpetersäure 20 % ··· 70 %	C	35	(1/2)–23–26–27	2	+
Salpetersäure 5 % ··· 20 %	C	34	(1/2)–23–26–27	2	+
Salzsäure ≥ 25 %	C	34–37	(1/2)–26–45	2	+
Salzsäure 10 % ··· 25 %	Xi	36/37/38	(2)–28	2	+
Sauerstoff	O	8	(2)–17		+
Schwefeldioxid	T	23–34	(1/2)–9–26–36/37/39–45	7	o
Schwefelsäure ≥ 15 %	C	35	(1/2)–26–30–45	2	+
Schwefelsäure 5 % ··· 15 %	Xi	36/38	(2)–26	2	+
Schwefelwasserstoff	F+, T+, N	12–26–50	(1/2)–9–16–28–36/37–45–61	2–7	–
Schweflige Säure 0,5 % ··· 5 %	Xi	36/37/38	24–26	2	+
Silbernitrat	C, N	34–50/53	(1/2)–26–45–60–61	12–13–14	+
Silbernitratlösung 5 % ··· 10 %	Xi	36/38	26–45	12–13–14	+
Stickstoffdioxid	T+	26–34	(1/2)–9–26–28–36/37/39–45	7	–
Tetrachlormethan	T, N	23/24/25–40–48/23–52/53–59	(1/2)–23–36/37–45–59–61	10–12	*
Toluol	F, Xn	11–20	(2)–16–25–29–33	10–12	o
Wasserstoff	F+	12	(2)–9–16–33	7	+
Wasserstoffperoxidlösung ≥ 60 %	O, C	8–34	(1/2)–3–28–36/39–45	1–16	o
Wasserstoffperoxidlösung 20 % ··· 60 %	C	34	(1/2)–28–36/39–45	1	+
Wasserstoffperoxidlösung 5 % ··· 20 %	Xi	36/38	28–39	1	+
Zinkbromid	C	34	26	1–11	+
Zinkchlorid	C, N	34–50/53	(1/2)–7/8–28–45–60–61	1–11	+
Zinkiodid	C	34	26	1–11	+
Zinkpulver, stabilisiert		10–15	(2)–7/8–43	3	+
Zinksulfat	Xi, N	36/38–50/53	(2)–22–25–60–61	1–11	+

Entsorgung von Gefahrstoffabfällen

Stoffe	Stoffe mit E 3	Stoffe mit E 5		Stoffe mit E 1	Stoffe mit E 2	Stoffe mit E 11		Stoffe mit E 4
Beispiele	Eisenspäne Holzkohle Braunstein	Fluoride		Alkalichloride Glucose Natriumcarbonat	Mineralsäuren Essigsäure Laugen	Kupfersalze		Bleisalze
	Unmittelbar nach dem Experimentieren Stoffe einsammeln!							
Behandlung		Mit Calciumchloridlösung fällen und Niederschlag abtrennen		Verdünnen	Neutralisieren	Als Hydroxid fällen, Niederschlag absetzen lassen		Als Sulfid fällen, Niederschlag absetzen lassen
		Feststoff	Flüssigkeit			Flüssigkeit	Schlamm	Niederschlag
Sammeln							**Sammelbehälter I** „Anorganische Chemikalienreste" (C; T) pH > 10 beachten!	
Entsorgen	Hausmüll		Abwasser				Sondermüllentsorgung (eventuell Recycling)	

Stoffe	Stoffe mit E 10 halogenfrei	halogenhaltig	Stoffe mit E 7	Stoffe mit E 9	Stoffe mit E 13		Stoffe mit E 15
Beispiele	Lösemittelreste, z. B. Methanol, Petroleumbenzin	Lösemittelreste, z. B. Trichlormethan	Schwefelwasserstoff, Stickstoffdioxid, Ammoniak, Chlorwasserstoff	Roter Phosphor	Kupfersalze		Calciumcarbid
	Unmittelbar nach dem Experimentieren Stoffe einsammeln!						
Behandlung			Arbeiten unter dem *Abzug!* Wenn möglich, absorbieren oder verbrennen.	In kleinsten Portionen *vorsichtig(!)* verbrennen; kleinste Kohlenstoffdisulfidmengen im Freien verdunsten lassen.	Mit unedlen Metallen (Eisen) behandeln, eine Nacht stehen lassen.		*Vorsichtig* mit Wasser umsetzen, Gase verbrennen oder ableiten, Rückstände verdünnen.
					Metall	Flüssigkeit	
Sammeln	**Sammelbehälter II** „Organische Reste – halogenfrei –" (F; T bzw. Xn)	**Sammelbehälter III** „Organische Reste – halogenhaltig –" (F; T bzw. Xn)					
Entsorgen	Sondermüllentsorgung		Abluft		Recycling/ Sondermüll	Abwasser	

Stoffe	Stoffe mit E 16			
Beispiele	Chlorwasser, Brom, Bromwasser, Iod	Alkalimetalle z. B. Natrium, Kalium	Quecksilber, quecksilberhaltige Rückstände	Chromate
	Unmittelbar nach dem Experimentieren Stoffe einsammeln!			
Behandlung	Mit Natriumthiosulfatlösung umsetzen.	*Vorsichtig* mit Ethanol bzw. Butanol (Kalium) umsetzen; nach 1 ··· 3 Tagen wie Stoffe mit E 2 weiterbehandeln (Neutralisieren).		Mit Natriumhydrogensulfitlösung bei pH = 2 zu Chrom(III)-Salzen reduzieren; nach 2 Stunden in den Sammelbehälter geben.
Sammeln			**Sammelbehälter** „Quecksilberreste" (T+) (verschlossen aufbewahren)	**Sammelbehälter I** „Anorganische Chemikalienreste" (C; T)
Entsorgen	Abwasser		Recycling oder Sondermüllentsorgung	Sondermüllentsorgung (eventuell Recycling)

Laborgeräte

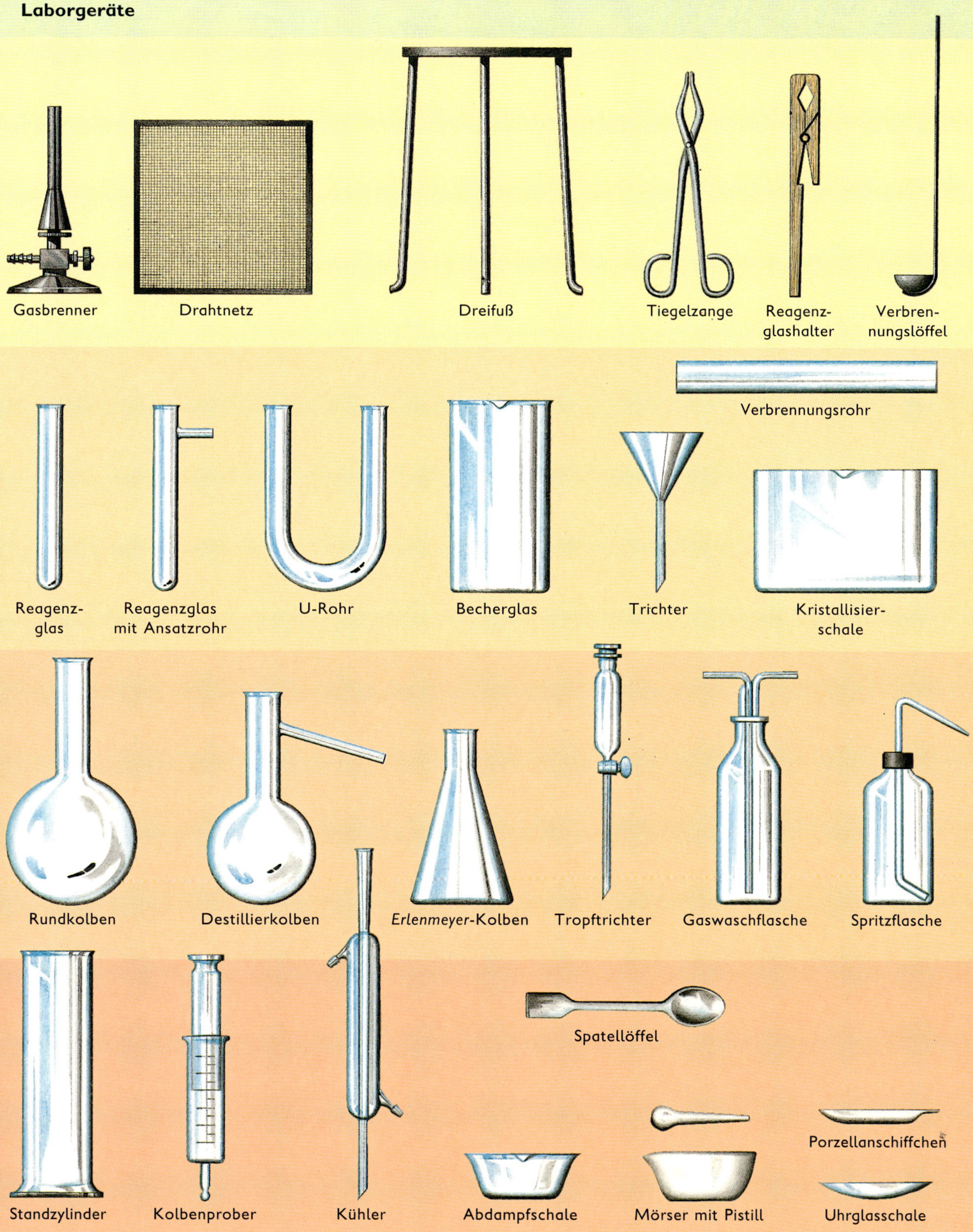

Register

f. nach der Seitenzahl bedeutet „und folgende Seite“, ff. „und folgende Seiten“.

Abbildungsverzeichnis

ADN Berlin, Müller: 84/2; Archiv für Kunst und Geschichte, Berlin: 62/1; Aviation Fuel Services & Management GmbH, Hamburg: 39/3; BP Oil Deutschland GmbH: 35/3; Bristol Hotel Kempinski/Foto AV Design GmbH Berlin: 58; Centrale Marketing Gesellschaft der Deutschen Agrarwirtschaft, Bonn: 62/2; Deutsche Shell Aktiengesellschaft, Hamburg, Reg. Press 141122: 4; Deutsches Museum, München: 16/3; Volker Döring, Hohen-Neuendorf: 5/2, 6/1, 17/4, 28/1, 70/1, 71/2-4, 72/2, 73/E6, 80, 80/1, 88; Dräger Sicherheitstechnik GmbH, Lübeck: 44/3; Flughafen München GmbH/Werner Hennies: 48/3; Fotoatelier H.-J. Mock, Mühlhausen: 50/3; Gesellschaft für Öffentlichkeitsarbeit der Deutschen Brauwirtschaft e.V., Archiv Bonn-Bad Godesberg: 43/1; Grambow, Berlin: 50/2; Henkel KGaA, Düsseldorf-Werksarchiv: 68/4, 72/1; Heßheimer, Berlin: 27/3; Hoechst Nr. 3530 Photo: /Clariat Comm-Serv GmbH, Foto Service: 36/1; Hoechst AG, Frankfurt/M.: 6/3; Kolde, G.: 20/2; Fotoagentur Helga Lade, Berlin: 25/3, 26/1, 29/5, 34, 40/2,42, 52, 60/1-2, 66, 68/1, 96/2, 101/4-5; Mitteldeutsche Erdoel-Raffinerie Elf Raffinerie: 36/2; Nordzucker AG, Braunschweig: 82/1-2; Ludwig Preiß Industrie- und Pressebilddienst GmbH, Berlin: 8, 10/1, 11/E4, 13/2, 28/2, 29/6, 30 Umweltzeichen, 31/2, 46/E6, 48/2, 54/1, 54/3, 56/1, 61/3, 66/1-2,67/3, 68/5, 76; Robert Bosch GmbH, Stuttgart: 40/3; S & M Rümmler Studio, Flöha (Museum Auerbach): 22; Schlegel, Lunzenau: 100/2; Schultheiss Brauerei AG Berlin, Tietze: 43/2; Schuster, R.: 39/4, 64/1; SOMA GmbH, Köln: 6/2; Stora Feldmühle AG, Hagen: 84/1; Ufop, Bonn: 64/3; Verband der Textilhilfsmittel-, Lederhilfsmittel-, Gerbstoff- und Waschrohstoff-Industrie e.V. TEGEWA, Frankfurt a. Main: 74/links;
Die nicht aufgeführten Bilder sind aus dem Archiv des Verlages Volk und Wissen GmbH.